Es wird gepitcht und vom Ending her gedacht, die kreative Challenge angenommen, ein Innovationsapproach
entwickelt, an den Stellschrauben für mehr Sustainability gedreht, Value geaddet, restrukturiert, gechanget
und sich zeitnah committed – und plötzlich verliert man
vor lauter Worthülsen und Floskeln das Wesentliche aus
dem Blick: die Arbeit. Thomas Ramge hat als Unternehmensberater viel Bullshit erlebt und produziert. Am Beispiel seines Helden Lukas Frey, der in einem großen
Konzern die Markteinführung eines neuen Produkts begleiten soll, zeigt er, welche absurden Blüten die moder-
nen Managementmethoden treiben ...

Thomas Ramge studierte in Gießen, Paris und Washington Geschichte und Politikwissenschaft. Nach dem
Volontariat arbeitete er als Hörfunkmoderator und Fern-
sehredakteur beim SWR, anschließend als politischer
Korrespondent bei Deutsche Welle TV. Als freier Berater hat er diverse Corporate-Publishing-Magazine entwickelt, Innovations-Workshops geleitet und Leitbild-
prozesse moderiert. Zurzeit ist er Technologie-Korres-
pondent des Wirtschaftsmagazins «brand eins» und
Contributing Editor des «Economist». 2007 erhielt Thomas Ramge den Herbert-Quandt-Medien-Preis. 2008
stand er auf der Shortlist für den Kischpreis. «Die Flicks»
wurde mit dem Deutschen Wirtschaftsbuchpreis ausge-
zeichnet. Sein Buch «Data Unser» war auf der Shortlist
des International Book Award.

THOMAS RAMGE

Montags könnt ich kotzen

Vom ganz normalen Bullshit

Rowohlt Taschenbuch Verlag

Originalausgabe
Veröffentlicht im Rowohlt Taschenbuch Verlag,
Reinbek bei Hamburg, September 2014
Copyright © 2014 by Rowohlt Verlag GmbH,
Reinbek bei Hamburg
Umschlaggestaltung ZERO Werbeagentur, München
(Illustration: FinePic, München)
Satz Utopia PostScript, PageOne,
bei Dörlemann Satz, Lemförde
Druck und Bindung CPI books GmbH, Leck
Printed in Germany
ISBN 978 3 499 61744 7

To whom it may concern …

... und für Ralf,
die Nummer 1 auf Yelp in Stuttgart.

INHALT

KICKSTARTER –
Kreative Selbstzerstörung

Wir sind doch alle in unseren Beruf reingescheitert.»
Der Satz stammt von Julia. Es war so ziemlich das Erste, was sie zu mir sagte, als ich von der Agentur zum Konzern wechselte. Drei Monate ist das her. Jetzt sitzt sie mir gegenüber am Konferenztisch und beißt in eine Überraschungs-Ei-Hälfte. Und sie grinst. Nur ganz kurz. Sie ist die Einzige, die ich kenne, die das kann. Kurz grinsen, meine ich. Grinsen braucht ja eigentlich Zeit. Mit Muße kann ich gut grinsen. Dafür ist jetzt nicht die Zeit. Und auch nicht die Stimmung.

Heute früh bin ich fast daran gescheitert, überhaupt ins Büro zu kommen. Wie jeden Montagmorgen bin ich erst einmal liegen geblieben, als der Wecker klingelte. Deshalb hatte ich keine Zeit mehr zu frühstücken. Ich habe trotz dieser bekackten Kälte das Fahrrad genommen. Um Zeit zu sparen. Außerdem ertrage ich die U-Bahn montagmorgens noch schwerer als sonst. Die neue Radspur war wie jeden Morgen mit Lieferwagen zugeparkt. Beim Ausscheren auf die Fahrbahn hat mich ein Taxifahrer fast umgenietet. Und dann auch noch die Faust gezeigt. Immerhin nur die Faust.

Endlich angekommen, hat der Sensor am Drehkreuz am Haupteingang dann meine Chipkarte nicht erkannt, und der Pförtner brauchte satte fünf Minuten, um mir zu glauben, dass die Karte echt ist. Ich bin kurz in mein Büro gehetzt, habe meine Tasche und Jacke in die Ecke geschmissen. Dann habe ich die Treppe genommen, nicht den Aufzug, denn vor dem hatte sich schon eine Traube gebildet. Um 9 Uhr 3 habe ich dann, als Letzter vom Team, die Tür vom kleinen Konfi auf Ebene vier hinter mir zugemacht.

Und nun sitze ich also auf dem Stuhl gegenüber von Julia. Das fühlt sich schon fast gewohnt an. Wir teilen uns ein Doppelbüro. Schreibtisch an Schreibtisch. Gesicht zu Gesicht. Meins sieht wohl oft müde aus. Das von Julia fein geschnitten. Italienisch. Das könnte von den dunkelbraunen Augen kommen. Und den Haaren in der exakt gleichen Farbe. Aus unserem Büro sehen wir auf die Glasfassade eines anderen Bürogebäudes. Der Konfi hat keine Fenster. Die Leuchtstoffröhren sirren in ihren Reflektoren. Nicht zu laut. Man gewöhnt sich relativ schnell dran. Der Konferenztisch sieht aus wie von Ikea und hat einen leichten Gelbstich.

«Du bist so Neunziger», hat Julia neulich gesagt. Nicht zu mir, sondern zu dem Tisch. Dann haben wir länger darüber diskutiert, ob dieser leichte Gelbstich von Anfang an da war oder erst mit der Zeit kam.

«Patina qua Lichtmangel», war meine Vermutung.

«Design für alle», meinte Julia. Ich starre auf den Tisch.

Gerade grinst sie noch einmal kurz rüber. Nun muss ich doch kurz lächeln.

Vor mir, auf der Tischplatte mit Gelbstich, steht ein kleines hellblaues Nilpferd. Fetter als Elvis gegen Ende in Las Vegas, mit einem Anzug wie Elvis, nur nicht in Weiß, sondern in Gold. Dazu hält es eine rosa Rose in der Tatze, und eine rosa Krawatte, lose gebunden, liegt quer über dem Plastikbauch.

Die Frage an jeden von uns lautet: Warum bin ich genau das? Kein Witz. Und natürlich doch irgendwie. Wir machen gerade «die Ü-Ei-Exercise», wie unser neuer Chef Dr. Jan-Phillip Wendenschloss das nennt. Man könnte wohl auch Kennenlern-Spiel dazu sagen.

Wir, das sind sechs Erwachsene der Abteilung Marketing II, New Products, sitzen zum ersten Mal in dieser Runde zusammen. Seit dem ersten Januar ist Dr. Wendenschloss als E2er bei uns. E2 steht für zwei Führungsebenen unter Vorstand. Ich bin E5.

Beim Einstellungsgespräch hieß es, dass E4 bei guten Bewertungen für «Newbies mit Agenturerfahrung» wie mich allenfalls eine Sache von einem Jahr sei. Ich bin gespannt. Das Projekt ist jedenfalls spannend. Wir sind das Team für das neue Produkt. DAS neue Produkt. Der Vorstand hat gegenüber unserem E1er, Dr. Jörg Meyerbeer, unmissverständlich klargemacht: Time to market ist mission critical. Unser Team darf sich nicht viele Fehler erlauben.

Mission. Der Begriff fällt immer wieder. Er kommt wohl direkt vom Vorstand. Kaskadisch, so würde es wohl unser neuer Chef sagen, hat er sich die Hierarchie-Ebenen heruntergearbeitet. Susanne Stiefel, unsere supernette Abteilungsassistentin, redet von nichts anderem mehr. Susanne ist Ende vierzig. Kinder hat sie keine. «Ich habe immer den falschen Mann zum falschen Zeitpunkt erwischt», hat sie mal zu Julia gesagt. Das ist verdammt ungerecht. Susanne versucht es immer allen recht zu machen. Und sie ist immer da, wenn man Unterstützung braucht. Früher hätte sie wohl den Ehren-Titel Chefsekretärin gehabt. Der Titel wurde abgeschafft. Die Funktion nicht. Dr. Meyerbeer nennt sie «unsere gute Seele». Ich habe Susanne nicht gefragt, ob das ihrem Selbstbild entspricht. Ich habe allerdings große Zweifel, dass der Begriff Mission die Sache trifft.

Mission klingt nach Apollo. Nach Kennedy. *Landing a man on the moon and returning him safely to the earth by the end of the decade* und so. Ein etwas schiefes Bild, wenn man mich fragen würde. Ein Produkt im Einkaufswagen des Kunden landen, das geht ja noch. Aber wieder sicher zurück? Ende der Dekade wäre hingegen keine schlechte Sache. Aber Kennedy-Zitate helfen uns auch nicht. Weil time to market nun einmal mission critical ist, muss das Produkt in spätestens sechs Monaten beim Händler sein. Im Grunde wissen alle: Das ist keine Mission, sondern ein Himmelfahrtskommando. Zumindest bei nüchterner Betrachtung der Sachlage.

Denn es gibt zwar ein Produkt mittlerer technischer Komplexität. Die Ingenieure der Produktentwicklung fanden es auch toll. Nur leider ist es bei den ersten Fokusgruppentests komplett durchgefallen, da niemand es bedienen konnte. Auch in der Dimension «funktionaler Mehrwert» war die häufigste Antwort ein Fragezeichen.

Der Vorstand hat bei der Entwicklung «auf reset gedrückt», wie er sagt. Wenn wir Glück haben, sehen wir in zwei Monaten einen verbesserten Prototyp. Wenn wir noch mehr Glück haben, hat er weniger Funktionen, aber mehr funktionalen Mehrwert.

Unabhängig davon sagt die Rechtsabteilung: «Wir haben erhebliche Bedenken bei Produkthaftungsthemen.» Die würden uns auch beim Zulassungsverfahren noch erheblich zu schaffen machen. Das sagen die Kollegen Juristen zwar immer, weil sie den Verhinderungsmodus genetisch eincodiert haben. Aber diesmal scheinen sie es leider ernst zu meinen.

Das Produkt muss auf jeden Fall noch in die Product-Clinic. Die Marktforschung klassisch muss auch noch einmal ran, um uns endlich ein wenig Futter für die Marketingstrategie zu liefern. Die Kampagne werden wir am Ende schon irgendwie hinbekommen. Aber natürlich wäre es nicht schlecht, wenn einer von uns schon mal eine halbwegs diskussionswürdige Idee für die Stoßrichtung der Kampagne oder gar einen Claim gehabt hätte. Hatte aber niemand. Und dann wäre da ja noch die Restrukturierung, die unser Konzern gerade durchläuft …

Ich bin ja noch nicht lange dabei, aber die anderen reden nicht gerade freundlich über die sechs jungen Typen von McKinsey, die sich im Keller eingeschlossen haben und an der Verschlankung der Prozesse arbeiten. Der Vorstand hat klargestellt:

«Auf unser daily business hat das erst einmal keine Auswirkung.»

Was für mich in etwa klingt wie ein Pilot, der in heftigen Turbulenzen beim Landeanflug sagt: «Sie brauchen keine Angst haben.»

Die Chefredakteure des Flurfunks sagen, dass die Bruchlandung bei diesem Management eine sichere Sache ist. Eine andere populäre Headline ist: Die Bombe tickt. Der Flurfunk jammert natürlich immer. Das war in der Agentur nicht anders. Totgefürchtet ist auch gestorben. Und vielleicht hat Dr. Wendenschloss ja recht, wenn er sagt: «Der Change ist systemisch geworden. Aber das bringt für uns alle auch große Chancen mit sich. Aber nur, wenn wir der kollektiven Kreativität den Turbo zuschalten.»

Nun kann man nicht behaupten, dass in Agenturen wenig Bullshit geredet wird. Mit den Texter-Kollegen hatten wir eine Zeitlang einen Wettbewerb laufen: Wer findet das Unwort der Woche? Aber Konzerne spielen bei sprachlichem Bullshit dann wohl doch noch in einer anderen Liga. Und offenbar auch in Sachen Kennenlern-Spiele.

Vor jedem von uns liegt also ein aufgeschlagenes Überraschungsei, die gelben Plastikkapseln rausgepellt. Jan-Phillip Wendenschloss kommt übrigens selbst von McKinsey. Er erklärt die Ü-Ei-Exercise in einem Dreischritt:

«Erstens: Ihr habt zwei Minuten Zeit, eure Spielzeuge zusammenzubauen. Zweitens: Sagt uns bitte, warum ihr das genau seid, was ihr da in der Hand habt. Oder drittens: Ihr erklärt uns, warum ihr das gerade nicht seid!»

Er sagt auch noch, dass wir für den Tag einen Timekeeper

brauchen, der darauf achtet, dass wir bei keinem Workshop-Modul überziehen. Ich melde mich freiwillig. Und dass zu der Auswertung der MBTI-Persönlichkeitstests dann später Frau Jung vom Frankfurt Coaching Center dazukommen würde.

Wendenschloss' schwarzer Anzug scheint noch aus McKinsey-Zeiten. Schwarze Brille, schwarzes Haar, Figur wie mindestens dreimal die Woche Holmes Place. Verdacht auf Personal Trainer begründet. Da passt schon viel zusammen. Er ist in etwa so, wie Daniel gerne wäre. Der hängt übrigens die ganze Zeit an seinen Lippen.

Daniel trägt wie immer einen hellbraunen Anzug, wie immer farblich abgestimmt auf sein bleiches Gesicht und die hellen Haare, die irgendwie gar keine Farbe haben. Daniel ordnet gerade das Wirrwarr aus Reifen, Verbindungsstangen und Mini-Aufklebern, das in seiner gelben Plastikkapsel steckte. 30 Sekunden später hat er alles zu einem ziemlich coolen Rennwagen zusammengesteckt, Baujahr circa 2030. Wendenschloss knipst derweil in souveräner Haltung, eine Spur kindlichen Spieltriebs vortäuschend, eine Abschussrampe zusammen und fummelt mit einem Gummi-Ring rum.

Ich muss nichts zusammenbauen. Das dicke, blaue Elvis-Nilpferd ist ja schon fertig. Also habe ich Zeit, den Beipackzettel zu lesen. Da steht, dass es sich um Hansi Herzschmerz aus der HappyHippo-Talentshow handelt. Die Marketing-Kollegen von Ferrero haben ganze Humor-Arbeit geleistet. Hippo-Hansi, «eigentlich Hans-Rüdiger», hat einen Fragebogen ausgefüllt:

Beschreibe dich in drei Worten: «*Immer gut drauf.*»
Dein Lebensmotto? «*Im Dunkeln ist gut schunkeln.*»
Lieblingssong: «*Weine nicht, kleines Nilpferd*» von den Hippers.

Ich habe noch 60 Sekunden Zeit, um sicherzustellen, dass meine Kreativ-Selbstvorstellung nicht zur kreativen Selbstzerstörung gerät. Verdammte Hacke. Das bin ich nicht.

Äh. Noch 50 Sekunden.

Julia beginnt. In ihrem Ei war ein Clown, der mit dem Rücken an einer Wand steht. Sie hält das Männchen in die Runde, drückt auf einen Knopf, und der Clown dreht sich fünfmal um die eigene Achse.

«Das bin so was von ich, weil ich auf Knopfdruck unfassbar lustig sein kann.»

Wie die bei Ferrero, denke ich und lache mit den anderen mit. Wobei: Das ist unfair. Julia ist nun einmal wirklich unfassbar lustig. Was ja bei hübschen Mädchen unfassbar selten ist.

Vermutlich ist Julia die Einzige bei uns in der Abteilung, die wirklich weiß, was sie will. Außer gut auszusehen, meine ich, und jeden Tag eine neue, dezente Lippenstift-Farbabstufung vorzuführen. Hierarchieabwärts weiß jeder, dass sie sich gerade mit ihrem E4er-Gehalt ein finanzielles Polster für ihr Start-up anlegt. Freude am Sparen nennt sie es. Der Businessplan für die Gründung steht wohl schon. Damit meint sie es ernst. Im Konzern sieht Julia hingegen alles als großes Spiel.

Womit sie in etwa das exakte Gegenmodell zu Daniel fährt. Der Ausbruch aus der Konzern-Matrix wäre für ihn undenkbar. Sein Trainee-Programm hat er leider mit unterdurchschnittlichen Bewertungen abgeschlossen. Seitdem dreht er am Rad. Nächstes Jahr wird er dreißig, und trotz Schleimspur von der Pforte bis in die Vorstandsetage ist er nur als E4er im Marketing gelandet.

Zu Julia hat er mal gesagt: «Seien wir mal ehrlich. Am Ende des Tages setzt sich Leistung immer durch. Ich denke grundsätzlich langfristig.»

In der Abteilung hat er sich den Ruf erworben, mit deutlich

mehr Energie an seiner persönlichen Profilierung zu arbeiten als an der Sache. Gerne auch mal auf Kosten anderer nach dem Motto: Wenn was gut läuft, hat er angeblich Nächte durchgearbeitet. Wenn was schiefgeht, fehlte die Unterstützung im Team. Wobei er dann im direkten Gespräch mit E2 oder E3 wohl auch gerne Namen nennt.

Auf eine entfernte Art und Weise tut Daniel mir fast leid. Zum Beispiel jetzt, wenn er sich beim neuen Chef anbiedert. Und den Spielzeug-Motor seines Rennwagens aufheulen lässt. Mit quietschenden Reifen zieht er eine mittelgroße Acht auf dem Konferenztisch und parkt seinen Sportwagen der Zukunft genau in der Mitte. Er schaut erst Wendenschloss an, dann die Runde, dann wieder Wendenschloss.

«Sie können es ja, im Unterschied zu den anderen hier im Raum, noch nicht wissen, aber das bin in der Tat genau ich. Denn ich verbinde Geschwindigkeit, Präzision, Design und Emotion in einer Weise, wie man es heute noch nicht für möglich hält. Insofern bin ich am Ende des Tages meiner Zeit rund zwanzig Jahre voraus.»

Wendenschloss lacht etwas lauter als nötig. Sebastian, unser Vorzeige-Papa im Team mit 80-Prozent-Stelle, wirft ein: «Dein einziges Problem bleibt, dass du viel zu bescheiden bist.» Sebastian. Er kam in der Woche aus dem Vaterschaftsurlaub zurück, als ich im Konzern anfing. Auch er nimmt sich immer Zeit für mich, wenn ich irgendeine Frage habe.

Wendenschloss findet den Witz mit der zu großen Bescheidenheit offenkundig extrem komisch. Er wiehert fast. Und hält als Zwischenstand fest: «Ich sehe, hier ist viel Vertrauen im Raum. Nur dann können Teams miteinander lachen.» Einige lachen weiter, was Wendenschloss kurz irritiert. Das war dann wohl kein Witz. Jetzt ist er dran.

Vor dem neuen E2er steht eine rot-weiße Mondrakete, die von

Tim und Struppi für Plagiat-Amateure und ohne Tim und Struppi. Die Lizenzen waren Ferrero sicher zu teuer. Vermutlich würden die Lizenz-Inhaber auch nie zulassen, dass die Hochwertigkeit ihrer Marke durch ehemalige McKinsey-Berater verwässert werden könnte, die in Kick-off-Meetings Tim und Struppi und ihre Rakete für Kennenlern-Kreativspiele missbrauchen. Mal ganz davon abgesehen, dass sich viele im Raum schon seit Jahren kennen.

Alle schauen auf die Rakete. Wendenschloss holt Luft. Kunstpause.

«Hey, ich habe mir die Rakete nicht ausgesucht. Aber die passt natürlich hervorragend zu mir.»

Ich lache wieder mit. Er löst einen kleinen Hebel unten an der Startrampe, und die Rakete wird hochgeschleudert. Sehr hoch schafft es das Drei-Cent-Produktionskosten-Plagiat nicht, vielleicht fünfzig Zentimeter. Es schlägt kurz hinter Daniels Zukunftsgefährt ein. Drohnen sind noch schlechter als ihr Ruf, denke ich, während Wendenschloss zu einer der vermutlich längsten Ü-Ei-Kreativübung-Selbstdarstellungen der Welt ansetzt. Die beginnt allerdings in der Tat mit einem Treffer:

«Wie ihr alle seht, bin ich genau wie diese Rakete. Denn ich bin ein insecure overachiever. Mit nicht allzu hoher Flughöhe und eher schlechter Trefferquote.»

Diesmal lache ich als Einziger. Vermutlich bin ich auch der Einzige, der in der vorletzten Ausgabe des *manager magazin* den überfreundlichen Artikel über Unternehmensberater gelesen hat. In dem Artikel stand sinngemäß, Unternehmensberater hätten in den letzten Jahren bei den «social skills» sehr viel dazugelernt und seien eben nicht mehr «insecure overachiever» – will heißen: charakterlich eher wenig ausgebildete Schlauköpfe, die, frisch aus St. Gallen kommend, Berater werden, damit sie auf keinen Fall für eigene Entscheidungen geradestehen müssen. Was noch zu beweisen wäre. Die These mit den verbesserten social skills, meine ich.

Wendenschloss holt aus: «Wie die meisten von euch wissen, komme ich ja von McKinsey und habe dort vier Jahre lang querbeet durch Fast-Moving-Consumer-Goods Klienten im strategischen Marketing beraten.»

Ich rechne kurz nach: Der Typ muss unter dreißig sein. Also mindestens sechs Jahre jünger als ich und schon E2. Es folgen Ausführungen über Sinn und Unsinn, meistens Sinn von Beratungsprojekten. Ich denke an den Satz eines Studienfreundes, der damals bei Roland Berger war: «Beratung ist wie Wurstwettessen. Und der erste Preis ist noch mehr Wurst.»

Wendenschloss redet derweil über Hotelzimmer, viele Hotelzimmer, noch mehr Hotelzimmer. Und dass er, nach ausgiebigen Gesprächen mit Herrn Dr. Meyerbeer, dem E1er und ebenfalls ein Ex-McKinsey-Kollege, was viele von uns ja ebenfalls wüssten, oder auch nicht, zu folgendem Ergebnis gekommen sei:

«Hier ist ein so interessanter Change-Prozess im Gange, dass ich mich jetzt auf der Implementierungsseite voll committen möchte. Der Wandel will nicht nur strategisch geplant werden. Man muss ihn gestalten. Dazu sind Sie alle herzlich eingeladen.»

Danke. Ich schaue auf die Uhr. Ich bin schließlich der Timekeeper. Ich traue mich nicht dazwischenzugehen. Aber zu meiner Überraschung ist die aktuelle Kunstpause von Dr. Wendenschloss gar keine. Er lächelt Susanne an. «Sie sind dran.»

Susanne und Sebastian machen es kurz und schmerzlos. Susanne ist genau wie Schlumpfinchen, Sebastian wie der gutgelaunte Androide. Währenddessen denke ich darüber nach, was eigentlich genau der Unterschied zwischen einem Change-Prozess und einer Restrukturierung ist. Oder ob das vielleicht nicht doch eher Synonyme sind. Ich nehme mir vor, diesbezüg-

lich mal meinen Ex-Kommilitonen von Roland Berger anzupin-
gen. Und ich merke relativ spät, dass Wendenschloss schon eine
ganze Weile abwechselnd mich und meinen HappyHippo-Nil-
pferd-Elvis anschaut und dann auch ziemlich bestimmt sagt:

«Herr Frey. Sie waren noch nicht.»

Ich überlege, ob ich nicht doch als Einziger Option zwei ziehen soll. Dass ich sage: «Ich bin gar nicht wie dieses Nilpferd.
Ganz und gar nicht. Und das aus vielen Gründen. Ich bin nicht
hellblau. Ich trage keine goldenen Anzüge und auch keine rosa
Krawatten. Ich heiße Lukas und nicht Hans-Rüdiger. Mein Lieb-
lingslied heißt ‹Heul doch, kleines Nilpferd›! Und wenn mich
jemand im Dunkeln anschunkelt, haue ich ihm umgehend eins
auf die Fresse.»

Ich fürchte, Julia wäre die Einzige im Raum, die das witzig
fände. Ich fürchte auch, dass es noch nicht genug Vertrauen in
der Gruppe gibt, wie der neue E2er wohl sagen würde, um hier
aus der erwarteten Rolle zu fallen.

Ich nehme das dicke Nilpferd mit seinem goldenen Anzug
und seiner rosafarbenen Krawatte in die Hand, strecke den Arm
aus wie die Freiheitsstatue, lächle in die Runde und sage:

«Ich heiße zwar nicht Hans-Rüdiger, aber im Grunde bin ich
doch wie er. Denn ich habe als Marketeer verstanden: Du musst
dich spitz positionieren, um auf dem Markt erfolgreich zu sein.»

Ich warte auf das Lachen. Es passiert nichts. Erst einmal.
Dann sagt Daniel: «Hört, hört.» Nicht einmal böse. Tastend. Julia
schaut mich fragend an. Susanne ebenfalls, nur dass ich ihren
Blick besser deuten kann. Der dürfte dann wohl ‹Kann ich dich
irgendwie unterstützen?› heißen. Sebastian schaut unsicher zu
Wendenschloss. Was passiert hier? Habe ich mich im Ton ver-
griffen, weil ich innerlich noch bei der Sarkasmus-Variante war?
Und hey: Das war doch eine lockere Kreativ-Übung. Oder etwa
nicht?

Es passiert immer noch nichts. Wendenschloss lehnt sich zurück. Er schaut mich an. Klatscht gemächlich dreimal in die Hände. Und grinst. Lang, nicht kurz.

«Differentiate or die! Großartig, Herr Frey. In solchen Momenten merkt man, wer Marketing verinnerlicht hat.»

Ich stelle Hans-Rüdiger auf die Tischplatte mit Gelbstich.

«Auf Ihr MBTI-Profil bin ich wirklich gespannt», sagt Dr. Wendenschloss noch.

Ich auch.

MBTI –
Die typenindizierte Team-Effectiveness

Wer braucht eine biologische Pause?», fragt Dr. Wendenschloss. «Wir haben noch etwas Zeit, bis Claudia und Mathias kommen.» Die anderen gehen aufs Klo. Ich bleibe im Meetingraum. Als Einziger. Ich habe kein so gutes Gefühl bezüglich des MBTI-Tests. Ich muss an den Sonntagabend vor zwei Wochen denken. Das war vermutlich kein guter Zeitpunkt, einen Persönlichkeitstest zu machen. Zumindest nicht einen Test, der herausfinden soll, für welche Rolle man im Team geeignet ist. Und vermutlich ist es auch nicht von Vorteil für so einen Test, wenn man noch leichte körperliche und geistige Leistungseinbußen von der Nacht davor hat.

Ich war mit ein paar Jungs aus gewesen, die in einem Spin-off meiner Agentur hier in der Stadt arbeiten. Kein schlechter Einstieg ins hiesige Nachtleben. Um neun Uhr abends haben wir uns beim Vietnamesen getroffen. Immer an die Elektrolyte denken. Vietnamesische Rindfleischsuppen schaffen da erstaunliche Grundlagen. Dann war alles wie zu Hause mit den eigenen Jungs. Zwei, drei Bars. Und ab in einen Club. Und vermutlich war so etwas wie höhere Gerechtigkeit im Spiel: «Tiefschwarz» hat aufgelegt. Ich habe zwar nie ganz verstanden, warum Techno jetzt Elektro heißt. Aber die Kombination von Tiefschwarz-Beats und drei bis sieben Gin Tonic führt mit annähernd einhundertprozentiger Wahrscheinlichkeit dazu, dass ich mich frei fühle. Auch als Single. Oder gerade als? Keine Höhen ohne Tiefen. Das weiß ich selbst. Samstagnachts finde ich das gut. Sonntagabends weniger.

Wie stark beeinflusst ein ausgewachsener Sonntagabend-Blues wohl wissenschaftliche Befragungsmethoden? Quantitativ und qualitativ? Selbst wenn man nachmittags laufen war und die beiden alkoholfreien Weizenbiere danach ziemlich gutgetan haben?

Ich saß also auf dem Sofa in meiner Zwei-Zimmer-Wohnung. Natürlich mag auch ich lieber Altbau. Aber es musste vor drei Monaten schnell gehen, als ich beim Konzern anfing. Und Wohnungssuche aus der Distanz ist die Hölle. Den grauen Teppichboden finde ich nicht so schlimm. Er ist auch wirklich nicht so schlimm, wie Julia behauptet. Und der Schnitt der Wohnung ist echt gut. Die Bude wirkt deutlich größer als 55 Quadratmeter. Zur U-Bahn sind es keine fünf Minuten. Und nur sechs Stationen zur Arbeit. Viel mehr würde ich auch nicht ertragen. Sebastian muss immer den Regional-Express zu seinem Einfamilienhaus im Neubaugebiet seiner Kleinstadt nehmen. Dreißig Minuten hin und dreißig Minuten zurück. Das wäre Folter für mich. Schon wegen der Melodie, bevor die Tür schließt. Ob die Bahn weiß, was sie Pendlern antut, die zehnmal am Tag die ersten acht Töne von «Freude schöner Götterfunken» hören müssen? Die offenbar auf einer Bontempi-Heimorgel aus dem Jahr 1980 eingespielt wurden!

In meiner alten Stadt konnte ich zur Arbeit laufen. Das war gut. Am Ende war es aber auch so ziemlich das einzig Gute. Nach sieben Jahren war ich froh, die Agentur zu verlassen. Oder genauer: die Agentur-Welt hinter mir zu lassen. Die Großmäuligkeit nach innen. Und das Geschleime beim Kunden, von dem du als Dienstleister abhängig bist. Der ständige Zeitdruck. Die durchgearbeiteten Nächte vor den Pitches. Die unendlichen Abstimmungsschleifen mit dem Kunden, solltest du den Pitch gewonnen haben und tatsächlich eine Kampagne machen. Die Verwässerung der Ideen in diesen Abstimmungsschleifen. Dann natürlich die in der Beziehung Konzern – Kunde fest eingebaute Sündenbockrolle. Wenn was schiefgeht, ist immer die Agentur schuld. Und das alles bei einer Bezahlung irgendwo zwischen mies und geht so.

Nein, es ist mir nicht schwergefallen, aus dieser Welt auszuchecken. Ich war offen gesagt ganz schön stolz, als ich den Arbeitsvertrag der Konzern AG unterschrieben in den Rückumschlag steckte. Mit locker dreißig Prozent mehr Gehalt und den ganzen Extra-Sozialleistungen, die ein großes Unternehmen so bietet. Da wusste ich freilich noch nicht, dass mich ein Ex-McKinsey-Berater zu einem Persönlichkeitstest zwingen würde. Und den dann auch noch «Starting-Point im Team-Finding-Prozess» nennen würde.

Ich saß also am Sonntagabend vor zwei Wochen mit meinem Firmenlaptop auf den Knien auf meinem Sofa und suchte nach Wendenschloss' E-Mail mit dem Betreff «Herzlich willkommen und MBTI». Es war die erste Mail, die der neue Chef allen im Team geschickt hatte. Sie war im Ton sehr freundlich, und sehr bestimmt, was den Psycho-Online-Fragebogen anging.

«Damit wir die Ressourcen in unserem Team optimal nutzen können, müssen wir uns systematisch kennenlernen», stand da.

Ich klickte auf den Link. Im Browser erschien die Webseite des Frankfurt Coaching Center. Ich gab die Login-Daten ein, die Susanne uns in einer separaten Mail geschickt hatte. Das funktionierte sogar. Mein Alkoholfreies vor mir auf dem Couchtisch war leer. Ich überlegte noch kurz, ob ich auf richtiges Bier umsteigen sollte. Was mir als echt kluger Gedanke erschien, als die erste Frage auf dem Bildschirm aufschlug:

Wozu neigen Sie eher:

a) Kreisen?
b) Quadraten?

Äh, was? Ob das ein Witz ist? Und wer hat gesagt, es gibt keine dummen Fragen? Ich holte mir ein Bier. Ein echtes. Ich schaute wieder auf den Bildschirm. Das Runde muss ins Eckige, aber wozu neige ich eher? Wurscht. b)! Nächste Frage.

Welches der beiden Wörter bevorzugen Sie:

a) Entscheidung?
b) Impuls?

Impuls-Vorträge nerven. a)!

Ist Liebe für Sie eher:

a) ein anspruchsvolles, wünschenswertes Gefühl?
b) eine vernünftig zu treffende Entscheidung?

Je nun, wenn ich mir meine Kontakt-Historie auf Friendscout24 anschaue, dann wohl eher b).

Was würden Sie mit mehr Engagement tun, wenn Sie das dafür nötige Kleingeld hätten?

a) Sich die Zeit nehmen, um das Haus, das Sie schon lange im Kopf haben, zu bauen?
b) Sich die Zeit nehmen, um das Buch, das Sie schon lange im Kopf haben, zu schreiben?

Selbst wenn ich das nötige Kleingeld hätte, hätte ich weder ein Haus noch ein Buch im Kopf. Egal. a)!

Welche Tätigkeit ist für Sie mit angenehmeren Erinnerungen verknüpft:

a) Tanzen?
b) Joggen?

Okay, da kann ich ja mal ehrlich sein. b)!

Es folgten noch rund 50 Fragen ähnlicher Natur. Eigentlich hätte man sich wohl eine Stunde Zeit für den Test nehmen sollen. Nach einer halben Stunde war ich fertig. Der Fragebogen fragte nach, ob ich Korrekturen vornehmen möchte. Danke, aber nein danke. Ich drückte auf Senden. Und ging ins Bett.

Das war, wie gesagt, vor zwei Wochen. Jetzt sind wieder alle von der Toilette zurück. Diesmal macht Dr. Jan-Phillip Wendenschloss als Letzter die Tür hinter sich zu.

«Die Frage nach der Neigung zu Kreisen oder Quadraten ist keineswegs so trivial, wie es auf den ersten Blick erscheint», sagt er. «Aber ich will nicht zu viel vorwegnehmen.»

Mir wird immer mulmiger. Bei der Kreativ-Ü-Ei-Übung hatte ich keinen schlechten Start. Verdammte Hacke, warum habe ich den Test nicht irgendwann an einem ruhigen Mittwochnachmittag im Büro gemacht?

An der Scheibe neben der Tür erscheint in diesem Moment ein rundes Gesicht. Das wird Frau Jung vom Coaching Center sein. Frau Jung klopft gegen die Scheibe. Wendenschloss läuft zur Tür, macht sie mit großer Geste auf und umarmt die liebe Claudia.

«Wir haben schon in McKinsey-Zusammenhängen gerne, oft und extremst produktiv zusammengearbeitet», sagt Wendenschloss.

Das sieht man. Zumindest das gerne und oft. Claudia lächelt uns freundlich an.

«Danke, dass wir hier sein dürfen», sagt sie. Sie sieht nicht so aus, als ob sie regelmäßig joggt. Eher tanzt, und zwar immer so, als ob keiner zuschaut. Sie trägt einen grauen Hosenanzug und eine weiße Bluse, gekontert von Ethno-Brosche und Holzohrringen. Neben ihr steht ihr Assistent Mathias, der in seiner weichen Art irgendwie authentisch aussieht. Nicht schwul, aber wie einer, der Yoga macht. Und zwar gerade wegen der hohen Frauenquote.

Mathias lächelt auch und sagt nichts, was allerdings auch schwierig wäre, da unser neuer Chef seine Begeisterung mit dem Team teilen möchte. Große Begeisterung. Nicht nur über den anstehenden Workshop:

«Die liebe Claudia hat mir vieles über mich selbst nähergebracht.

Zu stark left-brain-dominated bin ich gewesen. Also viel zu rational unterwegs. Meine rechte Gehirnhälfte, die ja Emotionen, die Sprache, die Bilder verarbeitet, musste sich immer der linken Hälfte, dem Logikzentrum, unterordnen. Was natürlich nicht heißt, dass ein gutes Excel-Sheet, sind wir mal ehrlich, am Ende des Tages nach wie vor die Basis für gute Company-Performance ist. Aber Innovation purzelt eben nicht automatisiert aus Excel-Sheets heraus, sondern dazu braucht es nun einmal die Verbindung von linker und rechter Gehirnhälfte.» Der neue Chef findet: «Da bin ich auf einem guten Lernpfad, und ich hoffe, wie gesagt, vieles davon mit euch teilen zu können.» Und er sagt auch noch: «Kollaboration ist nicht nur hinreichende, sondern auch notwendige Bedingung moderner Führung.»

Eigentlich fand ich das bis hierhin ganz interessant. Aber der letzte Satz haut mich dann doch gedanklich raus. Bei Kollaboration muss ich ja immer an Vichy denken. Und was könnte Teilen mit moderner Führung zu tun haben? Klar ist: Um über den grundsätzlichen Unterschied zwischen hinreichenden und notwendigen Bedingungen nachzudenken, bleibt jetzt keine Zeit. Zumal ich das noch nie so recht verstanden habe. Immerhin: Wendenschloss legt bei den Zielen moderner Führung nach.

«Kreativität ist heute immer kollektiv. Teamwork am Neuen. Genau darum geht es ja bei unserem neuen Produkt.»

Daniel, der Schleimer, sieht ihn neugierig an. Das kann er. Das muss man zugeben. Ich schaue auf die Uhr. Ich bin schließlich immer noch der Timekeeper. Wendenschloss sieht das. Er nickt kurz zu mir rüber. Und lächelt Richtung Coach-Team:

«Aber jetzt gebe ich wirklich an euch ab, liebe Claudia.»

Wendenschloss setzt sich an den Konferenztisch.

Claudia übernimmt seinen Platz neben dem Flipchart. In der einen Hand hat sie bunte Moderationskarten. Auf die schaut sie allerdings nicht. Die ist echt selbstsicher. Sie steht gerade, aber nicht verkrampft. Die Beine sind leicht gespreizt. Beide Arme hängen locker am Körper runter. Sie lächelt immer noch. Sie schaut jeden von uns an. Sie nimmt einen roten Edding und schreibt die Buchstaben M B T I untereinander auf das große, karierte Blatt auf dem Chart, lächelt noch einmal durch die Runde. Und ergänzt:

M *yers*
B *riggs*
T *ype*
I *ndicator*

Sie dreht sich zu uns.

«Katherine Cook Briggs und ihre Tochter Isabel Briggs Myers waren amerikanische Psychoanalytikerinnen.»

Das müssten wir uns nicht merken. Alles andere wäre auch unfair. Im Gegensatz zum MBTI:

«Der sagt nichts darüber aus, ob ihr gut oder schlecht arbeitet, sondern nur darüber, *wie* ihr arbeitet. Der Test hilft euch zu verstehen, wo eure Stärken liegen. Und wie ihr eure Stärken voll ins Team einbringen könnt.»

Zum Umgang mit Herausforderungen und persönlichen Themen jedes Einzelnen kämen wir später noch. Vorher wolle sie

jedoch zusammen mit Mathias die innere Logik der Testergeb-
nisse kurz darstellen. Und sie hätten sehr gute Erfahrungen damit gemacht, dies in verteilten Rollen zu tun.

Claudia: *«Ich bin extravertiert. Ich bin kontaktfreudig und
handlungsorientiert. In meinem Profil taucht das E auf.»*
Mathias: *«Ich bin introvertiert. Ich bin konzentriert und
intensiv. Ich bin ein I.»*

Ich hatte mir fest vorgenommen, aufgeschlossen zu sein. Mein
Studienfreund Jens hatte mir zwar am Abend zuvor erklärt, warum es sich mit Coaches wie mit Psychologen verhalte: Die meisten wollen Psychologe werden, weil sie selbst ihre Macken heilen wollen. Analog coachen Coaches, weil sie in ihrem Job davor
wenig bis nix hinbekommen haben und nun glauben, aus ihrem
Scheitern heraus anderen erklären zu können, wie sie Erfolg haben. Es ist, wie es ist. Claudia und Mathias machen es mir mit
ihrem Rollenspiel echt schwer, offen zu bleiben.

Julia scheint es ähnlich zu gehen. Sie zieht die Humor-Option
und ruft in die Runde: «Ich kaufe zwei E.»

Claudia sagt: «Komisch. Bei Marketeers kommt an der Stelle
immer dieser Spruch.»

Kein schlechter Konter.

Weiter geht es im Business-Didaktik-Dialog. Claudia und
Mathias kaspern die Stereotypen ab: S meint Sensing – «Ich ver-
arbeite Daten exakt und effizient» –, während N für iNtuition
steht – «Ich verlasse mich auf meinen sechsten Sinn». Über der
Kategorie «Art und Weise der Entscheidungsfindung» steht P übrigens für Perceiving und F für Feeling.

Claudia: «Ich bin ein J. Also Judging. Das heißt: Ich handle systematisch und planmäßig. Falls erforderlich, werden Pläne an-
gepasst, jedoch werden diese ungern völlig verworfen. Ich habe

eine Neigung zum Dominieren und Kontrollieren. Ich bin nicht immer spontan, aber ich sorge für Disziplin und Konsistenz in Gruppen.»

Nee, ist klar.

Mathias: «Ich bin sozusagen der spontane Perceiver.»

Wir haben verstanden. Er ist einer, der Pläne ständig über den Haufen wirft, wenn sein Bauch ihm dazu rät. Oder ihm irgendeiner dumm kommt. Als Coach ist das sicher ok, denke ich. Julia lächelt Mathias an. Wenn ich mal ehrlich bin: Das geht mir jetzt gegen mein Profil.

Wendenschloss wirft ein, ob wir jetzt alle mit dem MBTI-Prinzip fein sind. Er betont noch einmal: «Hier geht es wirklich nicht um eine neue Rangordnung, nicht um das Ausloten von Leadership-Qualitäten des Einzelnen.»

«Sondern?», fragt Julia.

«Dass wir im Team alle unsere Handlungsmuster besser kennen müssen, um als Team noch besser zu funktionieren», sagt Wendenschloss. Und eines könnten wir ihm glauben:

«Jetzt wird es wirklich spannend, besonders für alle unter uns, die noch nie einen MBTI gemacht haben.»

Daniel hat schon. Damals im Trainee-Programm, das nicht so lief, wie es hätte laufen sollen. Neues Spiel für ihn. Algorithmen setzen die Regeln.

Auf irgendeinem Server wurden unsere Persönlichkeiten automatisiert ausgewertet und in vier Buchstaben klassifiziert. Von da wanderten sie in einen sorgsam verschlossenen Umschlag. Mathias reicht ihn nun mit feierlicher Geste an Wendenschloss weiter und bekommt dafür einen bösen Blick von Claudia – eine Information, die Jan-Phillip Wendenschloss umgehend verarbeitet. Dr. Wendenschloss ist klar ein S-Typ. Er entscheidet in J-Manier, den Umschlag Claudia zu geben, die sich als Extravertierte freut, wieder im Mittelpunkt des Interesses zu sein, und – Eisbrecherfunktion gehört zu den Stärken der E-Typen – den bahnbrechenden Satz sagt: «So, hier sind eure Auswertungen.»

Ich stehe kurz auf und gehe rüber zum Sideboard, auf dem zwei Thermoskannen, ein Dutzend umgedrehte Kaffeetassen auf Untertellern und ein Korb mit Äpfeln, Bananen und Schokoriegeln stehen. Die Entscheidung fällt mir leicht. Ich nehme einen Schokoriegel und gieße mir eine Tasse Kaffee ein. Julia schaut mit theatralisch strenger Miene zu mir rüber. Sie hebt den rechten Zeigefinger, zeigt erst auf mich, dann auf sich. Ich bringe ihr meine Tasse und den Riegel. Sie nickt, ebenfalls theatralisch. Ich hole mir eine neue Tasse und einen neuen Riegel. Nun nickt auch Wendenschloss mir streng zu. Leider nicht theatralisch. Sondern nur streng. Ich setze mich schnell wieder hin.

«Fangen wir mit Ihnen an», sagt Claudia zu Daniel.

Der guckt ziemlich blöd und liest vor: «INFP.»

«Du bist anpassungsfähig und behutsam», deutet Claudia das Kürzel. «Engagiert und einfühlsam. Tief und treu.»

Hehe! Daniel, laut Selbstwahrnehmung Vorstand in spe, hat also ein Weichei-Profil, das Yoga-Mathias zur Ehre gereicht hätte.

Claudia legt nach: «Du bist für die Gruppe deshalb eine so wichtige Ressource, weil du bei Konflikten ausgleichend wirken kannst. Und weil du in die Tiefe gehst, wenn andere sich zu schnell auf Lösungen festlegen wollen.»

Daniel schaut immer irritierter. Das dürfte so ziemlich das Gegenteil von seinem Selbstbild sein.

Wendenschloss sagt: «Im Marketing gibt es traditionell ganz wenige Is. Diese Ressource müssen wir als Gruppe unbedingt nutzen.»

Daniel starrt aus dem Fenster.

Die meisten anderen Profile bringen keine großen Überraschungen. Fast nur Es. Julia ist ESFP, also extravertiertes Empfinden mit Fühlen. «Du gibst Energie, Begeisterung und Gemeinschaftssinn in dein Team. Du machst Tempo. Und du präsentierst das Unternehmen und deine Abteilung immer in gutem Licht.»

Beim letzten Punkt huscht Wendenschloss ein Lächeln über das Gesicht. Daniel schaut inzwischen unter den Tisch.

Ich selbst habe tief in mir im Grunde nie daran gezweifelt, dass ich ESTJ bin. Aber so deutlich?

«Wow, alle Balken ganz rechts. Das hat man in dieser Deutlichkeit selten», sagt Claudia. «Darauf sollten wir näher eingehen. Du organisierst Prozesse, Produkte und Menschen zum Erreichen von Zielen. Du kommst rasch und direkt zum Kern einer Sache und entscheidest und implementierst dann schnell und zielführend. Du suchst direkt nach Führung und übernimmst rasch das Kommando.»

Volltreffer.

Claudia fügt hinzu: «Beim Militär werden Menschen mit ESTJ-Profil eingesetzt, um Luftschläge anzuordnen.»

Diese Information kann ich jetzt nicht umgehend verarbeiten, einschätzen und eine Entscheidung auf einer sauber prozessierten Analyse treffen. Ist das jetzt gut oder schlecht? Ich denke über einen rhetorischen Gegenschlag nach. Über massive Vergeltung. Mir fällt nichts ein.

Wendenschloss durchbricht das Team-Schweigen.

«Zumindest bei McKinsey hat so ein Profil eine hohe soziale Erwünschtheit.»

Wieder frage ich mich, ob das jetzt gut oder schlecht ist. Vor mir liegt ein Block mit unserem Konzernlogo. Um irgendetwas zu tun, überlege ich, welche Notiz ich machen könnte. ESTJ scheint mir eine sichere Option. Ich schaue auf und stelle erleichtert fest, dass sich niemand für meine Notiz interessiert.

Eigentlich würde ich mir jetzt gerne endlich einen Kaffee und einen Riegel holen. Ich bleibe lieber sitzen. Denn Claudia, Mathias und Wendenschloss haben gerade eine emotionale Debatte begonnen. Zu den Fallstricken, über die traditionell gestrickte, heroische Führungspersönlichkeiten heute oft stolpern. Dass diese Scheinhelden unfähig sind, auf die Gefühle von anderen einzugehen, beziehungsweise diese oft gar nicht wahrnehmen. Dass sie Freiräume einengen und gleichzeitig den Workload erhöhen. Dass diese ESTJler immer wieder von ihren Emotionen überrascht werden, weil sie, wie Claudia sagt, ihre eigenen Gefühle und Werte zu lange ignorieren. Ergo: dass sie auf Weihnachtsfeiern oft zu viel trinken und dann peinlich werden. Also aggressiv. Oder anfangen zu heulen. Oder beides im Wechsel.

Über mich wird in diesem Zusammenhang zum Glück nicht weiter diskutiert. Ich halte mich sicherheitshalber zurück. Kein Erstschlag. Eher Stein-Strategie. Ausharren. Wer nichts macht, macht nichts falsch. Am Ende sollen wir eigentlich noch alle unser MBTI-Profil in eine Übersichtstafel eintragen und ein wenig über die Teamzusammensetzung reden. Dafür ist dann leider keine Zeit mehr. Zu wenig Zielführung, aus meiner Sicht. Zu wenige Quadrate im Raum. Ich nehme mir vor, beim nächsten Mal bei Frage 1 mein Kreuz bei den Kreisen zu machen.

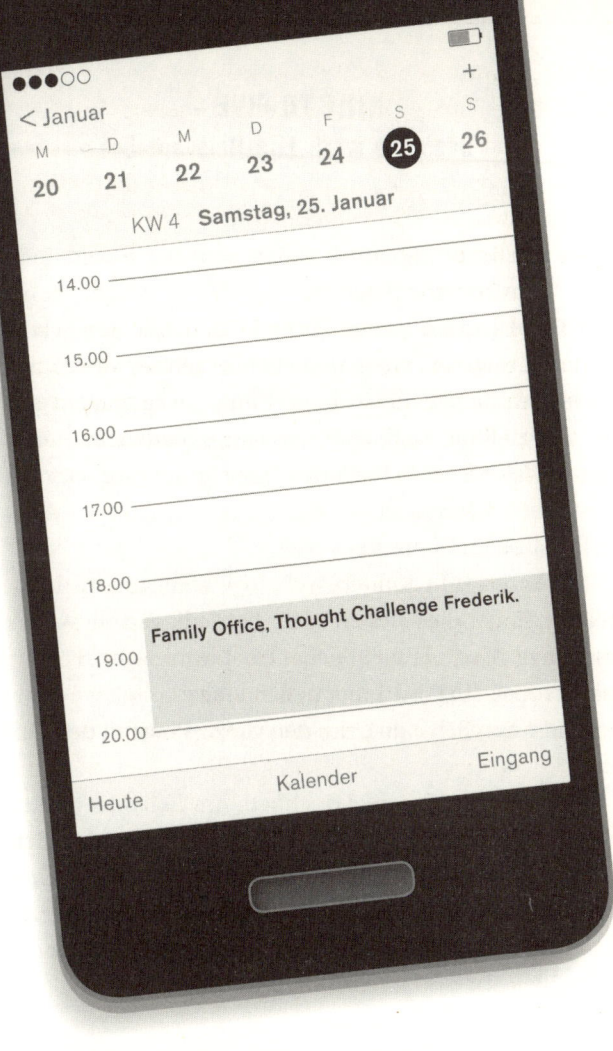

NINE TO FIVE –
Das neue Work-Life-Relevant-Set

«Was machst du eigentlich den ganzen Tag in deinem Büro?», fragt mein Neffe Frederik.

Er ist sechs und letzten Sommer in die Schule gekommen. Meine Schwägerin Kerstin sucht bereits seit der Vorschule intensiv nach Anzeichen für Hochbegabung. Ich kann nicht einschätzen, wie groß die Chance ist, dass sie irgendwann fündig wird. Aber so viel steht fest: Frederiks Frage bringt mich erheblich ins Schleudern. Ich versuche es mit:

«Ich sitze am Computer.»

Man muss kein Kinderpsychologe sein, um zu bemerken: Frederik findet die Antwort nicht befriedigend. «Etwas zu kurz gesprungen», würde mein neuer Chef wohl sagen. Frederik gibt sein Feedback in Form einer neuen Frage:

«Und was machst du dann den ganzen Tag mit deinem Computer?»

Wir sitzen auf Frederiks Hochbett. Am Geländer liegt ein großer Bücherstapel. Ganz oben der Räuber Hotzenplotz. Ich muss an den After-Eight-Spot denken. *Some things never change*. Gute Sache das, zumindest im Fall vom Räuber Hotzenplotz. Im Vergleich zum Drachen Kokosnuss sind Kasperl und Seppel definitiv hochbegabt.

Ich bin zum ersten Mal in meiner alten Stadt, seit ich beim Konzern angefangen habe. Das fühlt sich gut an. Mein großer Bruder Steffen ist sieben Jahre älter als ich. Sein Sohn Frederik hat noch eine dreijährige Schwester, Lisa. Die ist immer rotzfrech und nie müde. Kerstin will bald wieder anfangen zu arbeiten. Das sagt sie zumindest. Steffen verhandelt noch über ein drittes Kind. Er ist gut im Verhandeln. Manchmal denke ich: Mein Bruder hat nicht alles anders, aber vieles besser gemacht. Auch er hat Betriebswirtschaft studiert. Auch er war an der Uni kein Überflieger. Dann hat er direkt bei einem großen Verband angefangen. «Immer schön nine to five, wie es sich gehört», sagt er schon seit Jahren. Seine erste Frage, als ich gestern ankam, war:

«Stimmt die Work-Life-Balance im neuen Job?»

«Eher als in der Agentur. Um spätestens halb sieben bin ich raus», habe ich gesagt. Wobei ich auch nicht gerade behaupten kann, dass nach der Arbeit bei mir das Leben anfängt. Zumindest nicht in der Premium-Version. So bezeichnet Steffen sein Leben. Bei mir ist es ja eher das übliche Single-Programm: Sport, essen gehen, manchmal Kino, viele Dating-Chats und ab und an ein Date, das ab und an in Sex ohne Fortsetzungsfolgen endet.

Seine Neun-bis-fünf-Mentalität hat Steffen übrigens nicht daran gehindert, Karriere zu machen. Inzwischen ist er bei seinem Verband in der Geschäftsführung. Mit dem Hauptgeschäftsführer macht er auch privat Sachen. Golf, zum Beispiel. Und das ist ihm nicht einmal peinlich.

«Der Nasenfaktor muss stimmen, wenn du vorankommen willst», sagt Steffen gerne. «Und keine Unsicherheiten zeigen.» Das konnte mein großer Bruder schon immer gut.

Frederik haut mir auf den Oberschenkel. «Sag schon!»

Warum fragt der eigentlich nicht seinen Papa, was der von neun bis fünf an seinem Computer macht?

«Das ist gar nicht so einfach zu erklären», versuche ich Zeit zu schinden. Frederik schaut mich weiter mit großen Augen an. Wie erklärt man strategisches Marketing, wenn der Fragende die Begriffe Brand Value, Relevant Set und Cross Rating Point noch nie gehört hat?

«Du sitzt gar nicht den ganzen Tag am Computer, oder? Du schummelst!», legt Frederik nach.

Womit er ja, in einem erweiterten Sinn zumindest, vollkommen recht hat. Ich hole etwas weiter aus:

«Unsere Firma verkauft Sachen. Meine Kollegen und ich müssen dafür sorgen, dass zum Beispiel deine Mama und dein Papa erfahren, dass es diese Sachen gibt. Und dass sie glauben, dass diese Sachen toll sind. Oder dass eure Nachbarn denken, dass diese Sachen teuer sind. Obwohl sie gar nicht so teuer sind, wie eure Nachbarn denken.»

Frederik schaut mich ganz kurz irritiert an. Dann merkt er, dass er keine Schwäche zeigen darf. Er schiebt schnell nach:

«Und dann?»

«Wenn wir das gut machen und ihr im Supermarkt vor dem Regal steht, legt ihr unsere Sachen in den Einkaufswagen und nicht die von einer anderen Firma.»

«Und wie macht ihr das?»

Ich überlege, ob ich eine Sendung-mit-der-Maus-artige Erklärung für Relevant Set hinbekomme. Ich muss passen. Doch, ich habe eine:

«Wir machen zum Beispiel Werbung im Fernsehen.»

Frederik schaut mich traurig an. Er darf kein Fernsehen schauen. Mist. Ich suche nach einem Ablenkungsmanöver.

«Wenn ich nicht am Computer sitze, habe ich meistens ein Meeting. So nennt man das, wenn sich mehrere Kollegen treffen und diskutieren.»

«Wozu ist ein Meeting gut?»

Ich muss lachen.

«Das frage ich mich auch oft. Meistens kommt wenig bei raus.»

«Wie bei uns im Morgenkreis», sagt Frederik.

Jetzt lachen wir beide. Vielleicht ist er wirklich hochbegabt. Ich greife zum Räuber Hotzenplotz.

«Komm, wir lesen was. Erst liest du zehn Zeilen, dann ich zwei Seiten.»

«Nee, nee», sagt Frederik. Er drückt mit seiner Hand das Buch zurück auf den Stapel.

«Gehst du gerne ins Büro?»

«Geht so», sage ich.

«Warum gehst du dann?»

«Weil man arbeiten muss?»

«Sagt Oma das?»

«Nein.»

«Warum dann?»

«Weil man Geld verdienen muss.»

«Warum suchst du dir keine Arbeit, zu der du gerne gehst? Dann fühlt es sich vielleicht nicht an wie Arbeit.»

Jetzt muss ich wohl ein etwas irritiertes Gesicht machen. Frederik zieht seine flaumigen Augenbrauen zusammen.

«Sag schon. Warum?»

Zum Glück kommt in diesem Moment die dreijährige Lisa reingerannt und schreit: «Ich habe ein Stück Pizza gegessen!»

Meine Schwägerin ruft aus der Küche: «Alle an den Tisch, bitte!»

Frederik klettert die Leiter runter. Schneller, als es ein Erwachsener je könnte.

«Meine Arbeit macht mir im Grunde schon Spaß!», rufe ich Frederik hinterher.

Ich bleibe noch eine Weile auf dem Hochbett sitzen. Der Junge ist definitiv hochbegabt! Was will ich eigentlich? Ich meine wirklich? Mitspielen? Oder auf der Tribüne sitzen und mich über die Sprache und Fehler der anderen wahlweise lustig machen oder aufregen? Klar macht Bullshit-Bingo mit Julia Spaß. Aber ein ganzes Arbeitsleben lang? Zumal sie ja schon angekündigt hat, in spätestens zwei Jahren die Exit-Option zu ziehen. «Auf

der Suche nach intelligentem Leben jenseits der Festanstellung»,
wie sie sagt.

Ich fürchte, auch ich brauche endlich ein Relevant Set. Für
mein Leben, meine ich.

BULLSHITSTORM –
Strategie-Sitzung 4.0

Ich hatte mich, ehrlich gesagt, etwas gewundert, warum Wendenschloss mich mitnimmt in die große Strategiesitzung. Es wäre nett gewesen, wenn er auf die Bemerkung «Ihr erstes Mal, oder?» verzichtet hätte. Andererseits: Es geht um das Produkt. Wendenschloss meinte: «Ich brauche das besondere Involvement von entscheidungsstarken Leuten im Team.»

Ich glaube, damit meinte er tatsächlich mich und meinen MBTI. Mit meinem Unsinn habe ich intuitiv wohl doch alles richtig gemacht.

«Und von internen brand ambassadors», sagte Wendenschloss noch. Mit interner Markenbotschafterin ist Julia gemeint. Sie darf auch mit, und auch sie hat das eher gewundert.

Julia hat auch eine Agentur-Vergangenheit. Eigentlich sogar mehr als ich, denn sie hat ihr Studium nicht abgeschlossen, sondern schon früh auf ihre, wie sie sagt, «It-Girl-Qualitäten» vertraut. Die kommen ihr jetzt auch als interne Markenbotschafterin zugute. Wendenschloss schiebt sie nach vorne, seit Claudia ihm den Floh mit «Sie kann unsere Unit gut nach außen darstellen» ins Ohr gesetzt hat.

Ich fürchte, die It-Girl-Qualitäten wirken intern besonders bei E3 und Midlife-Crisis aufwärts. Sie ist immer so geschminkt, dass man es nicht merkt. Beziehungsweise nur, wenn man genau hinschaut. Fast immer Lippenstift. Die dunklen Haare immer leicht im Scheitel. Enge, mittellange Röcke, fast immer Stiefel, gerne farbig. Stets cool und geschmackvoll und irgendwie Berlin-Mitte, ohne peinlich oder billig zu wirken. Also so, wie es die Frauen von E3ern mit Mittlebenskrise aufwärts nie hinbe-

kommen. Aber egal. Darum geht es jetzt nicht. Es geht ums Produkt. Wir sind beide dabei. Das erste Mal. Und wenn ich ehrlich
bin, ist es mir nicht einmal gleichgültig.

Im Konzernsprech heißt die halbjährliche bereichsübergrei-
fende Strategiesitzung «die große Lage». Angeblich hat der E1er
Produktentwicklung, Herr Dr.-Ing. Tiefenmeer, den Begriff irgendwann in Umlauf gebracht. Er moderiert auch immer und
fühlt sich dabei offenkundig wie Helmut Schmidt kurz vor der
Befreiung der Landshut. Was ja in doppelter Hinsicht unsinnig
ist. Erstens: Bei unserer großen Lage ist kein CEO und kein Vorstand dabei, sondern maximal die E1er. Das heißt dann wohl,
um bei dem Landshut-Vergleich zu bleiben, kein Kanzler,
kein Minister, sondern gerade mal Staatssekretäre. Und zweitens
geht es ja bei uns nicht um die Rettung von Menschenleben,
sondern um die Rettung des kommenden Quartals.

Julia und ich warten mit Jan-Phillip Wendenschloss vor dem
Aufzug. Die Türen gehen auf. Wendenschloss hat gute Laune. Er
hebt die Arme und schiebt uns mit großmännischer Geste in den
leeren Aufzug.

«Darf ich drücken?», fragt Julia und gibt Wendenschloss ein
Klein-Mädchen-Grinsen.

Der neue Chef spielt mit.

«Kommst du schon an die Zwölf, Kleines?»

Du? Kleines? Flirten die gerade?

Unsere Etage wurde lange nicht renoviert. Die Zwölfte selt-
samerweise auch nicht. Die gleiche Achtziger-Jahre-Zweckbau-
Atmosphäre, die Julia den «gehobenen Fachhochschulcharme»
nennt. Nur den grauen Teppich haben wir nicht. Vom Fahrstuhl
gehen wir den Gang runter Richtung großer Konfi. Wendenschloss führt, sagt, dass er die Etage ja noch gut aus der Zeit kennt,
als er als Berater im Unternehmen war.

Um ehrlich zu sein: Ich bin überhaupt das erste Mal in der Zwölften. Der große Konfi ist in der Tat sehr groß. Es gibt eine Fensterfront mit braunen Metallrahmen, was sich irgendwann wohl mal nach Zukunft angefühlt haben muss.

Und noch mal ehrlich: Ich habe mehr erwartet. Kunstleder war auch in den Achtzigern nicht überzeugend. Schon gar nicht in Bordeaux-Rot wie die Stühle in der ersten Reihe rund um den riesigen Tisch mit schwarzer Holzmaserung. Helmut Schmidt würde das nicht gefallen. Gleiches dürfte für die Bilder gelten, abstrakte Beliebigkeit, die beim Betrachter diesen Das-kann-ich-auch-Gedanken auslöst. Sie passen auch nicht zu diesen seltsamen Siebziger-Lampen, die vermutlich ebenfalls mal futuristisch wirkten. Metall-Kugeln, die direkt an der Decke befestigt sind und ein gelbliches Licht in den Raum werfen. Gut, dass es so nicht gekommen ist. Die Zukunft, meine ich.

Wir sind fast die Letzten, die den Raum betreten.

«Das ist gut fürs Image», raunt uns Wendenschloss zu.

Mit Diplomatenlächeln in Perfektion geht er auf seinen Platz zu. Als E2er ist für ihn ein Stuhl direkt am Konferenztisch reserviert. Julia und ich suchen uns zwei Stühle im zweiten Ring, der sogenannten Sherpa-Reihe. Sherpas sind, da hatte mich Julia vorab gebrieft, jene Träger, die westlichen Bergsteigern im Himalaya die Rucksäcke schleppen. Die Sherpas bei uns im Konzern tragen fast alle dunkle Anzüge mit dunklen Krawatten. Außer Julia gibt es noch eine weitere Frau. Die trägt auch einen dunklen Anzug. Aber immerhin keine Krawatte. Julia lächelt ihr zu. Sie schaut irritiert. Was Julia wiederum aber nicht zu irritieren scheint. Sie greift mich am Arm und zeigt auf zwei freie Stühle. Während wir uns seitwärts nach ganz hinten durchschieben, geht mir folgende Frage durch den Kopf:

Ist es gut fürs Image, mit 34 zum ersten Mal in der Sherpa-Reihe zu sitzen?

Ich weigere mich, die Frage zu beantworten. Zumindest jetzt. Das gehört zur Grundsatzfrage mit dem Relevant Set fürs Arbeitsleben. Beziehungsweise fürs Leben. Und um das zu klären, ist hier nicht der Ort. Und auch nicht die Atmosphäre.

Im zweiten Ring wird kaum geredet. Wenn einer redet, flüstert er. Aber die meisten blättern in Mappen, die sie aus ihren Taschen gezogen haben, die zwischen ihren Füßen lehnen. Am Tisch dröhnt der Small Talk. Eigentlich ist es ja erstaunlich, dass Dröhnen ohne Inhalte auskommt. Sondern nur Rituale braucht. Gespräche über Fußball gehören dazu. Also die Sorte Fußball-Konversation, aus der hervorgeht: Im ersten Ring hat man in etwa so viel Ahnung von Fußball wie Steffen Simon.

Breitmachen scheint auch zu den Ritualen zu gehören. Ich staune über den Platz, den ein ausgewachsener E1er im inneren Zirkel für sich beansprucht. Als ob sie sich in einer Geheimbundsitzung abgesprochen hätten, hat jeder folgende Gegenstände von links nach rechts vor sich liegen: einen pfundschweren Schlüsselbund, die Automarke gut erkennbar, einen rund zehn Zentimeter hohen Stapel brauner Konzern-Umlaufmappen, eine schwarze DIN-A4-Mappe, eingebunden in feines Leder, ein kleineres Notizbuch, einen Füller oder einen Kuli der Marke Montblanc, den Dienst-Blackberry, den wir im Konzern immer noch haben, und ganz rechts dann, für Rechtshänder besonders bequem greifbar, das private iPhone. Ein Meter zwanzig pro Top-Führungskraft, schätze ich. Ich rechne hoch, wie viele Sherpas wohl bei menschlich durchschnittlicher Ausbreitung ebenfalls am Tisch sitzen könnten, komme auf fast alle und denke, dass Helmut Schmidt das wiederum sicher in Ordnung fände. Mit dem Inhalt der Sitzung, da bin ich allerdings ziemlich sicher, würde Schmidt hadern.

Dr.-Ing. Tiefenmeer macht den ersten Aufschlag: «Ob wir perspektivisch erfolgreich sind, ist doch vor allem ein Thema des Mindsets.» Tiefenmeer ist groß und dünn. Um die sechzig mag er sein, graue Haare mit Seitenscheitel. In der linken Hand hält er seine silberne Lesebrille. Er legt sie neben seinen BMW-Schlüssel, beugt sich vor und ergänzt: «Das gilt sowohl bezogen auf die Kultur als auch auf die Strategie, als auch auf das Management. Und da gibt es halt einen Gap.»

Wer möchte da schon widersprechen, zumal einem E1er ohnehin selten jemand widerspricht.

Der E3er Strategie, Herr Dr. Frank, zuvor Vorstandsassi, junger Typ, smart, trotzdem Mercedesfahrer, sekundiert:

«Sehr richtig. Und um das Mindset zu ändern, brauchen wir eine breitere Awareness für das Thema. Das wird sich dann zeitnah auf die Produktpalette auswirken. Auch und gerade auf das Produkt, in das wir große Hoffnungen setzen.» Ich denke noch darüber nach, ob es der oder das Mindset heißt. Was zeitnah eigentlich in gängigen Zeiteinheiten heißt. Und ob mit dem Produkt unser Produkt gemeint ist. Da greift der E2er Produktion, Stiernacken, Glatzkopf, Audi-Schlüssel, vermutlich A6, in die Debatte ein:

«Die eigentliche Message des Marktes ist doch: Der Kunde wünscht immer individualisiertere Produkte. Wir müssen fähig werden, taylormade zu liefern. Auch und gerade in Massenmärkten.»

Die Response im inneren Zirkel ist eher divers.

Wendenschloss ist sich sicher: «Der Köder muss dem Fisch schmecken, nicht dem Angler!» Dabei dreht er sich zu Julia um. «Oder, Frau Weisbrod?» Alle sind irritiert.

Der Neue bricht die Regeln. Dieser Wendenschloss öffnet die Diskussion zur zweiten Reihe.

Julia reagiert mit Gespür. Sie lächelt alle an. Und wirft ein: «Das ist für die Zukunftsfähigkeit absolut elementar.»

Der E2er Human Ressources wirkt anders. Hart in der Mimik und zugleich gelackt. Vor ihm liegt ein Alfa-Romeo-Schlüssel. Er klopft mit seinem Partnerring auf die schwarze Tischplatte und fragt:

«Angenommen, die These vom Köder, vom Fisch und vom Angler ist richtig, was heißt das für die Employer Brand?»

Worauf allerdings niemand antwortet, zumal das ja auch eigentlich nicht hierhergehört.

Stattdessen fragt Tiefenmeer in die Runde: «Wie schnell ist unsere Veränderungsfähigkeit in Sachen individualisierte Produktion gegeben? Ganz im Sinne von Industrie 4.0.»

Es weiß wieder keiner eine Antwort. Die Stille wird langsam peinlich. Deshalb schiebt Tiefenmeer schnell hinterher: «Und was heißt Veränderungsfähigkeit für uns als Organisation?»

Das ist ja eigentlich Wendenschloss' Thema. Den Wandel gestalten und sich dafür voll committen. Wendenschloss nickt. Lange. Und schweigt. Das scheint als Antwort auszureichen.

Jedenfalls wirft der E2er Strategie, Typ Reichsbedenkenträger, ein: «Time to market ist erfolgskritisch, aber wir werden den Wandel nur steuern können, wenn er bereits im Ansatz ganzheitlich gedacht ist.»

Ist das ein VW-Schlüssel vor ihm? Phaeton??

Der E2er Human Ressources, der mit dem Alfa, versucht es erneut: «Das ist doch alles schon tough enough. Wir müssen motivativ unterwegs bleiben. Auch intrinsische Motivation braucht Anreize.»

Warum Julia in diesem Zusammenhang «Stichwort Trittbrettfahrer!» dazwischenblubbert, verstehe ich nicht. Aber es scheint akzeptiert. Die Herren nicken ihr freundlich zu.

Dann plötzlich höre ich mich selbst sagen. «Wir müssen die Perspektive Industrie 4.0 handlen können, sonst bringt das alles nichts.»

Tiefenmeers Kopf zuckt zu mir rüber. Er sieht aus, als ob er gleich einen Wutanfall bekommt. Was nicht schön ist, zumal er eigentlich nicht wie ein Choleriker aussieht. Tiefenmeer bekommt keinen Wutanfall. Er sagt ganz leise: «Was reden Sie da?»

Darauf habe ich keine Antwort. Wendenschloss schaut mich fragend an. Julia auch. Mist!

Zum Glück gibt der E2er Vertrieb, Anzug in Hamburg-blau, oh Gott, Porsche-Schlüssel, der Debatte in diesem Moment einen neuen, versöhnenden Twist: «Man muss auch gönnen können.»

Der erste vernünftige Satz der Sitzung. Finde ich. Ehrlich. Ich will mitspielen. Ich spiele alles oder nichts.

«Absolut. Absolut erfolgskritisch, gerade wenn wir taylormade als eigentliche Message positionieren», sage ich.

Tiefenmeer wendet seinen Kopf wieder in meine Richtung. Wieder ruckartig. Doch diesmal schaut er versöhnt drein. Wendenschloss wiederum schaut zu Tiefenmeer.

Ich nehme mir vor, in dem Meeting jetzt nichts mehr zu sagen.

Wendenschloss gibt argumentativ Gas: «Wenn wir es richtig anstellen, können wir das Thema Individualisierung auch im Nachhaltigkeitsbericht profitabel abbilden. Mit Industrie 4.0 lassen sich datengestützt Energie und Verpackungen einsparen.»

Julia will ihn schon wieder rechts überholen: «Wie wäre es, wenn wir die produktseitige Individualisierungs-Strategie noch ein wenig holistischer angehen? Das Produkt könnte ein Testballon werden.»

Bullshit, denke ich. Wir können froh sein, wenn wir das Produkt überhaupt im Zeitplan irgendwie auf den Markt bekommen. Julia kommt mit ihrem Blödsinn wieder durch.

«Ja, das sehe ich auch so», sagt Tiefenmeer. «Und die Sache mit dem Testballon empfinde ich als wirklich gute Idee. Wir sollten das Produkt intern als Leuchtturm-Projekt sehen.» Tiefenmeers Assistent deutet vorsichtig auf die Uhr. Offenbar ist er der

Timekeeper. Sein Chef nickt: «Ich finde, das war jetzt wirklich eine produktive Diskussion.»

Alle nicken. Ein paar im inneren Zirkel klopfen mit dem Mittelfinger der Faust auf den Konferenztisch.

Beim Rausgehen fragt Julia Wendenschloss: «Halten Sie das alles für orgasitional abbildbar?»

Er nickt heftig.

Ich schüttele den Kopf. Ebenfalls heftig. Innerlich.

Am nächsten Tag fragt mich Susanne in der Kantine: «Wie war die Strategie-Sitzung?» Sie klingt neugierig. Ehrlich, nicht gespielt.

«Dr. Tiefenmeer hat am Schluss gesagt, dass er sie produktiv fand», antworte ich unsicher.

«Kennst du schon seinen Spitznamen?»

«Nein.»

«Pfütze.»

DER ELEVATOR-PITCH –
Jeder hat 60 Sekunden, dann wird evaluated

Y ou never get a second chance to make a first impression», sagt Jan-Phillip Wendenschloss. Wieder sitzt das Team von Marketing II, New Products im kleinen Konfi in der vierten Etage. Vier Wochen sind seit unserem Kick-off vergangen. Es ist wieder Montagmorgen. Ich bin wieder kaum aus dem Bett gekommen. Und ich habe zwar wieder keine Zeit gehabt zu frühstücken, aber dafür war es für Mitte Februar fast angenehm auf dem Fahrrad. Es ging sogar ohne Handschuhe, die ich mal wieder auf die Schnelle nicht gefunden habe. Der Fahrradstreifen war auch erstaunlich selten von Lieferwagen zugeparkt. Und beim Ausscheren hat mich auch kein Taxi-Fahrer erst umgenietet und dann beschimpft. Eigentlich war die Fahrt ganz entspannt.

Mir kam das Gespräch mit meinem Neffen Frederik in den Sinn. Und seine Frage, was ich eigentlich den ganzen Tag mache. Es fällt mir nicht nur schwer, die Frage für Montag bis Freitag zu beantworten. Was habe ich eigentlich das ganze Wochenende gemacht? Ich war nicht aus. Alleine hatte ich keine Lust, und von den Jungs aus der Agentur hat keiner angerufen. Und ich wollte mich irgendwie nicht aufdrängen. Also lesen, laufen, shoppen, essen, Kaffee, auf dem Sofa liegen, «Sportschau». Von allem ein bisschen. Nichts richtig. Und natürlich ein paar Folgen «Boardwalk Empire». Seit ich keine Freundin mehr habe, also seit mehr als einem Jahr, zerfasern die Wochenenden komplett.

Und je nun, lieber Frederik. Bezogen auf die Arbeit, bin ich dir immer noch eine Antwort schuldig. Die letzten Wochen haben mich dieser Antwort aber leider nicht wirklich näher gebracht. Ich langweile mich in Meetings und habe Spaß, wenn es mir gelingt, mit Julias Schlagfertigkeit mitzuhalten. Aber ich fürchte, das wird dir als Antwort wohl nicht reichen. Natürlich zu Recht. Mir reicht es ja auch nicht.

Immerhin: Julia sitzt jetzt im kleinen Konfi neben mir. Und grinst kurz mit ihrem rotorangefarbenen Lippenstift. Die Lampen sirren wie immer. Für einen neuen Tisch hat es immer noch nicht gereicht. Und auch sonst ist seitdem nicht viel passiert. Zumindest nicht, was unsere Mission und das neue Produkt angeht. Wendenschloss ist oft nicht da. Und wenn die Produktentwicklung nicht liefert …

Wie gesagt. «You never get a second chance to make a first impression», sagt Jan-Phillip Wendenschloss. Ich denke an die Überraschungs-Ei-Kreativübung zurück. Eine zweite Chance für einen ersten Eindruck brauche ich in dem Fall mal nicht. Das Elvis-Nilpferd hatte sich ja als Glücksbringer entpuppt. Ich krame in meinem BWL-Halbwissen nach einer Formel zur Berechnung guter Gefühle. Eigentlich müsste die Verkaufspsychologie ja so etwas im Angebot haben. Ich nehme mir vor, das nach der Sitzung umgehend zu recherchieren.

Wendenschloss schiebt nach einer seiner üblichen Könnt-ihr-mir-folgen-Rhetorik-Training-Pausen den Satz nach: «Die Sache mit dem ersten Eindruck gilt auch für Produkte. Mein Anliegen für heute wäre, dass wir einen Elevator-Pitch für unser Produkt entwerfen. Euer Einverständnis vorausgesetzt, versteht sich.»

Alle nicken. Daniel, Sebastian, Susanne und Julia. Ich übrigens auch.

Nicht dass unser Einverständnis tatsächlich Voraussetzung wäre, aber in dem Fall ist sie es dennoch. Endlich gewinnt unsere Mission an inhaltlicher Höhe!

Sebastian hat eine Impuls-Präsentation zu Elevator-Pitches vorbereitet. Will laut Wendenschloss heißen: «Sebastian wird uns gleich in wenigen Worten sagen, wie man in wenigen Worten alles Wichtige sagt. Zum Beispiel über ein neues Produkt. Auch und gerade, um es intern nach vorne zu bringen.»

Sebastian steht auf, nimmt seinen Laptop, geht an die Stirnseite des Konfi-Tisches und stöpselt ihn an den Beamer. An der Wand erscheint erst ein blaues Bild mit dem Claim «Acer – empowering people», dann Sebastians Computer-Desktop mit diversen Ordnern im Vorder- und drei hübschen Kindergesichtern im Hintergrund. Susanne lächelt wie eine warmherzige Tante. Sebastian klickt ohne Hast auf das Powerpoint-Symbol. Aus der rechten unteren Ecke kommt seine Startfolie angeflogen.

Ich mag Sebastian. Er scheint von uns allen am stärksten in sich zu ruhen. Eigentlich hat er nie schlechte Laune. Er lächelt immer. Er sagt nie nein, was im Konzern ja eigentlich die Rolle von ehrgeizigen Frauen zwischen 28 und 38 ist. Entsprechend ist Sebastians Schreibtisch immer voll, aber im Unterschied zu ehrgeizigen Frauen geht er immer um Punkt 16 Uhr. Er hat auf eine 80-Prozent-Stelle reduziert. Denn entweder muss er den Großen zum Handball fahren oder die Mittlere zum Klavierunterricht oder die Kleine von der Tagesmutter abholen. Das liegt offenkundig daran, dass Sebastians Frau oft nein sagt. Sie arbeitet ebenfalls im Konzern. Im Unterschied zu ihm macht sie sogar Karriere. Er ist E4, wie ich in spätestens einem Jahr. Hoffentlich. Sebastians Frau ist E2 in der Produktionsplanung, und das mit drei Kindern, was wohl auch schon ihrem Vorstand aufgefallen sein soll. Er soll gesagt haben: «Da sieht man doch, dass es auch ohne Quote geht.»

Sebastian hat sich trotz allem den Humor bewahrt, den er offenkundig schon zu Schulzeiten als Comiczeichner zunächst der Schülerzeitung, später des Stadtmagazins seiner westfälischen Heimatstadt entwickelt hat. Die Zeichner-Karriere hätte er verfolgen sollen.

Auf der ersten Folie seiner Elevator-Pitch-Impuls-Präsentation steigen zwei Business-Typen, beide mit Anzug und Schlips, in einen Fahrstuhl. Der Fahrstuhl hat Augen und Mund. Und sagt: «Ihr habt 60 Sekunden. Dann wird evaluated.»

Wendenschloss sagt: «Klasse. Woher haben Sie das, Herr Brückner? Dilbert?»

«Nein. Dann wäre ja Dilbert dabei.»

«Sondern?»

«Selbst gezeichnet.»

«Klasse. Damit ist ja alles gesagt. Klasse.»

Womit Sebastian nur teilweise einverstanden zu sein scheint. Das könnte wiederum damit zusammenhängen, dass es die erste von insgesamt 34 Folien ist. Und auch damit, dass Sebastian gestern Susanne von seinem Eindruck erzählt hat, dass der Chef wirklich offen für neue Kreativansätze sei. Und er für die Elevator-Pitch-Präse, die ja eigentlich eine Art Meta-Pitch-Pitch sei, zum ersten Mal seit der Geburt des Großen wieder die Energie mobilisieren konnte, bis spätnachts zu zeichnen. Nachdem er die Kinder ins Bett gebracht hat, versteht sich. Was Wendenschloss natürlich nicht wissen kann, weil es Susanne allen außer ihm erzählt hat.

«Damit, lieber Herr Brückner, ist wirklich alles gesagt. Großartig», wiederholt er. Um dann die Geschichte, Aufgabe, Struktur und Tonalität eines Elevator-Pitches selbst ein wenig ausführlicher zu erklären. Er habe da nämlich eine eigene, recht spezielle Sichtweise auf das Format, dessen Bedeutung in Bezug auf Produkt-Marketing total unterschätzt werde. Allerdings müsse er dafür ein wenig weiter ausholen.

Wir kennen unseren neuen Chef ja noch nicht sehr gut. Aber immerhin gut genug, um zu wissen: Ein wenig weiter ausholen geht nicht im 60-Sekunden-Format. 30 Minuten sind realistischer. Was bei einem Kreativ-Meeting, das für 60 Minuten ange-

setzt ist, von denen wir bislang rund 15 Minuten mit Vorgeplän-
kel und Sebastians Startfolie verbracht haben, doch anteilig
recht viel ist. Was anteilig bedeutet, dass für die Konzeption des
eigentlichen Produkt-Elevator-Pitches für das Produkt nicht
richtig viel Zeit bleibt. Worauf der Timekeeper des Meetings, in
diesem Fall ich, selbstverständlich hinweist. Was aber selbstverständlich nichts ändert.

«Der Elevator-Pitch ist sozusagen der kleine, vorlaute Bruder der Executive Summary», setzt Wendenschloss an. «Wir im
Marketing tun gut daran, uns bei allen Kurz-Präsentations-For-
maten mit den Kernkompetenzen der Kollegen aus der klassischen Werbung vertraut zu machen. Denn was, bitte schön, ist
ein klassischer TV-Spot anderes als ein Produkt-Pitch in 30 Sekunden? 30 Sekunden! Mehr Zeit brauchen die Klassik-Kollegen
nicht …»

Wendenschloss klappt seinen Rechner auf, schließt ihn an-
stelle von Sebastians Laptop an den Beamer an und sucht in
einem Foliensatz ohne Zeichnungen, aber mit vielen Bullets.

«… Also mehr als 30 Sekunden brauchen die Kollegen in der
klassischen Werbung nicht, um zu zeigen …» Er findet die richtige Folie und liest laut vor:

- Das will ein Produkt!
- Das kann ein Produkt!!
- So werden Sie sich mit ihm fühlen!!!

Die Ausrufezeichen-Psychopathen in Mails suchen sich also
neue Tatorte, denke ich. Dann frage ich mich ganz automatisch:
Was will und kann eigentlich unser Produkt? Und wie würde sich
eigentlich wer damit fühlen? Was ja, wenn ich Wendenschloss
richtig verstanden habe, jetzt die Kernfragen unseres Meetings
sein sollten.

Womit eigentlich der perfekte Übergang zum Kreativ-Teil geschaffen wäre, wenn Wendenschloss nicht den Browser öffnen und das Lesezeichen «Harvard Alumni Association» ansteuern würde.

«Habe ich schon erwähnt, dass ich noch vor meiner Zeit bei McKinsey als McCloy in Harvard war», sagt er.

Warum klingen Wendenschloss' Fragen eigentlich nie nach Fragen? Ich frage nicht nach, was ein McCloy ist. Auch so gut kenne ich den Chef bereits: Bei Exkursen in die eigene Biografie geht er, wie er wohl selbst sagen würde, «die Extra-Meilen selbstmotivativ».

«Darf ich kurz fragen, wer von euch das McCloy-Stipendiaten-Programm kennt?»

Daniel hebt die Hand. Sonst keiner. Wendenschloss wirkt zufrieden. Und setzt neu an:

«Als McCloy darf man an der Kennedy School in Harvard einen Master in Public Policy machen. Dabei findet man wunderbar viele wunderbare Freunde aus aller Welt. Worüber ich gerne allen, die das interessiert, an anderer Stelle mehr erzähle.»

Daniel nickt hastig. Ist der nicht auch zu alt für so etwas? Wendenschloss nickt zu Daniel zurück. Einmal kurz, also der Code für: «Habe ich innerlich notiert», und fährt fort.

«Um eine lange Geschichte kurzzuschneiden: Dank dieses wunderbaren Programms bin ich Harvard-Alumni und die Harvard Alumni Association hat diesen wunderbaren Elevator-Pitch-Builder ins Netz gestellt.» Wendenschloss klickt ein neues Browserfenster auf.

Das Tool soll eigentlich dabei helfen, einen Elevator-Pitch zur Selbstdarstellung mit dem Zweck der Karriereförderung zu konzipieren, wie aus der Seite hervorgeht. Wendenschloss klickt auf der Seite rum, und es erscheinen die Leitfragen:

1. Wer bin ich?
2. Was mache ich?
3. Warum bin ich einzigartig?
4. Was sind meine Ziele?

Ich denke: Immerhin Frage- und keine Ausrufezeichen. Dann denke ich: Bei 3. und 4. dürfte es bei den meisten von uns schwer werden. «Für uns selbst können wir das natürlich alle gut beantworten», kommentiert Wendenschloss. «Aber mit etwas Abstraktionsvermögen lässt sich die Mechanik des Harvard-Elevator-Pitch-Builders eben hervorragend auf ein Produkt wie das unsrige übertragen.»

Wir gehen die Fragen noch einmal der Reihe nach durch.

«1. Wer bin ich?», liest Wendenschloss laut vor.

Julia fragt: «Und wenn ja, wie viele?»

Wendenschloss lacht. Er sagt, dass er sich natürlich auch für philosophische Fragen interessiere und auch überhaupt nichts gegen populäre Ableitungen habe.

Julia sagt: «Aber gegen die unpopulären Frisuren populärer Philosophen», wo Wendenschloss ihr offenkundig nicht folgen kann oder will oder sich nicht gut dabei fühlt. Jedenfalls wird sein Tonfall selten herrisch.

«Eure Aufgabe ist es nun, Framework eins und Framework zwei im Kopf bitte sehr schnell miteinander zu verheiraten, um dann den gedanklichen Merger auf unser Produkt anzuwenden.» Sein «Alles klar» hört sich erneut nicht nach Frage an. Sondern nach Ausrufezeichen, besonders in Verbindung mit seiner Bemerkung vom Anbetracht der fortgeschrittenen Zeit.

Wir bilden zwei Teams, die im Sinne eines kreativen Races gegeneinander antreten sollen. Mit zwei Moderatoren. Daniel und ich. Kreatives Race. Na dann.

Team Daniel schaut zunächst genauso ratlos drein wie Team Lukas. Wir schieben Tische in diagonal gegenüberliegende Ecken. Vor uns liegen dicke Stifte und Post-its in DIN A5.

Julia ist bei mir. Sie sagt: «Heiraten ist eh doof. Lasst uns einfach das Werber-Framework nehmen.»

Ich nehme drei Post-its und schreibe: «Eigenschaften», «Mehrwert», «Emotion». Die drei Zettel klebe ich an die Wand.

Julia sagt: «Wir heiraten doch.» Sie nimmt einen vierten und schreibt darauf: «Abgrenzung zum Wettbewerb».

Wir lächeln uns an. In Daniels Ecke wird heftig diskutiert. Gelächelt wird nicht.

Bei uns geht plötzlich alles ganz schnell. «Jede Karte maximal drei Stichworte, mehr braucht es nicht», führe ich das Team. Ein paar Minuten später steht unser Pitch. Ich lese ihn unserem Team laut vor. Julia klatscht mich ab. Am anderen Tisch herrscht Stille. Ich schaue auf die Uhr. Ich bin schließlich immer noch der Timekeeper!

Wendenschloss lehnt auf halber Strecke zum Gegner am hellgrauen Sideboard, in dem die Workshopmaterialien lagern. Er hält Klebepunkte in der Hand. Er ist ein Freund von Abstimmungslösungen, wie er es nennt.

Ich sage: «Wenn wir pünktlich Schluss machen wollen, hätten wir noch drei Minuten.»

Wendenschloss: «Das müssen wir leider. Wer mag zuerst?»

Daniel sagt erst nichts. Dann: «Ich fürchte, wir brauchen noch etwas Zeit.»

«Ich fürchte, Race heißt auf Deutsch Rennen. Kreative Lösungen brauchen Zeitdruck», sagt Wendenschloss. Julia grinst kurz. Nicht weil Daniel gerade ordentlich auf die Fresse kriegt, sondern weil ich jetzt so tue, als ob ich in einen Aufzug steige, einen Knopf drücke. Ich drehe mich zum Chef, schaue ihm gerade in die Augen und sage:

«Das Produkt ist best in class. Es verbindet hohe Funktionalität mit klassisch-moderner Gestaltung. Dabei geht es keine technologischen Kompromisse ein. Das Produkt ist dennoch kinderleicht zu bedienen. Sie werden sich damit fühlen wie mit Ihrem ersten Fahrrad.»

Ich deute, mit meinen Handflächen nach außen gewendet, an, dass die Fahrstuhltür wieder aufgeht. Wie ein halber Schwimmzug. Ein kurzer Moment herrscht Stille. Wendenschloss schaut mich weiter an. Und klatscht. Alle anderen setzen ein. Ganz am Ende auch Daniel. Das Klatschen ist dann wohl die Evaluation.

Wendenschloss sagt: «Ein großer Schritt für das Produkt.»

«Und ein kleiner für die Menschheit», ergänzt Julia leise. Wer hätte das gedacht: Die Mission gewinnt wirklich an Höhe.

PENDING JOBSITUATION –
Lunch bei Vapiano

Weißt du, wer gestern nach dir gefragt hat?»

«Nee. Wer?», fragt Jens zurück.

«Niemand!» Ich lache. Er verzieht das Gesicht.

Jens ist mein alter Zimmergenosse im Trainingslager, bester Freund für immer und so. Wir haben dann auch, als der Traum vom Profifußballer für uns beide endgültig ausgeträumt war, zusammen BWL studiert. Lebensplan B eben, aus Sicht von zwei talentierten Jugendspielern mit guter Disziplin, die über die Regionalauswahl nie hinausgekommen sind. Und, da muss man dann wohl auch irgendwann ehrlich genug zu sich selbst sein: bei denen wohl weder Talent noch Disziplin gereicht hätten, um den Sprung in die Profisportkarriere zu schaffen. Wobei: Die Unterstützung zu Hause war halt auch nicht optimal. Herrgott, die berufliche Abzweigung Richtung Bundesliga liegt zwanzig Jahre zurück. Warum ist es so schwer, sie gedanklich endlich abseitszustellen?

Gestern hat Jens per Mail angekündigt, dass er Redebedarf hat. Das hatte er noch nie. Aber so ein Gesicht auf einen Witz im unteren Mittelfeld der unter Jungs üblichen Verarsche-Skala? Dass ich den aktuell wundesten Punkt eines mittelmäßig sensiblen Menschen treffe, wie sich gleich herausstellen wird, nein, das war nicht meine Absicht.

Wir stehen in der Schlange bei Vapiano, fünf Fußminuten von der Konzernzentrale. Die Schlange wirkt mal wieder länger als der Fußweg, aber auf Gastkarte in die Kantine wollte er nicht. Immerhin sind keine Kollegen in Sichtweite.

«Die Nudeln hier sind echt okay für den Preis», sagt Jens.

Stimmt. Da wartet man gerne ein wenig. Jens hat ja auch gerade viel Zeit. Und, wie angekündigt, Redebedarf.

«Meine Jobsituation ist gerade ziemlich pending», fängt er an, da stehen wir gerade eine Minute in der Schlange.

Mir ist sofort klar: Den Begriff «ziemlich pending» und das modulare Aufbausystem der Vapiano-Pasta-Karte werde ich gedanklich nicht simultan in den Griff bekommen. Pasta hat Priorität.

Die üblichen Nudelsorten kann man mit üblichen und unüblichen Saucen kombinieren. Sie sind, wie Wendenschloss sagen würde, geclustert. Das passt auch insofern gut zu Vapiano, weil der Gründer ja ein McKinsey-Kollege von ihm war. Das Vapiano-Speisekarten-Cluster hat vier Dimensionen. Sie heißen Gruppo A, B, C und D.

«Von Oracle habe ich immer noch nichts gehört», erzählt Jens weiter. «Der Personaler, mit dem ich seit Monaten in Kontakt stehe, ist wirklich ein Honk.»

Unternehmens-Softwarevertrieb scheint auch nicht mehr zu laufen wie ein Länderspiel, denke ich. Nach dem Studium hat mich Jens in wertvollen Hundertstelsekunden gehaltsmäßig abgehängt. Er Software, ich Agentur. Er hatte den richtigen Riecher für eine Branche, in der es seit Erfindung des Mainframe-Computers immer nur aufwärtsgeht. Ich hatte Agentur mit coolen Typen in Verbindung gebracht, die mit hübschen Mädchen zusammen am Rechner sitzen und an unfassbar originellen Kampagnen rumschrauben. Ein Körnchen Wahrheit ist da ja dran. Beruflich waren es sechs verlorene Jahre. Aber privat war alles gut. Die Jungs, meine Stadt und fünf gute Jahre mit Myriam. Sie hatte anfangs auch in meiner Agentur gearbeitet und war dann aber zu einer Event-Agentur gewechselt. Und später zu ihrem Chef, mit dem sie, soweit ich weiß, im Sommer ein Kind bekommt. Verdammt schnell, natürlich. Aber was soll ich groß sagen. Natürlich hatte Myriam bei unserer großen Aussprache, bei der ich nicht zu Wort kam, recht mit: «Du wolltest dich nie wirklich committen.» Erstaunlich, dass Business-Bullshit-Sprech bis zu Liebesdingen vorgedrungen ist. Als ich mich dann wirklich committen wollte, war es natürlich zu spät. Immerhin habe ich es mir nie so gründlich mit meinem Chef vergeigt wie Jens.

Penne Arrabiata spielt bei Vapiano in Gruppo A, Spaghetti Bolognese in Gruppo B und Ravioli con Carne in Gruppo C. Granchi di Fiume steht in Gruppo D in der Tabelle zurzeit nur auf Platz vier. Wir selbst sind in der Zwischenzeit schon zwei Plätze aufgerückt.

Jens setzt neu an: «SAP käme freilich auch in Frage. Auch da habe ich einen direkten Kontakt. Aber ich habe einfach kein Bock auf dieses Provinzkaff Walldorf.»

«Der reinste Kindergarten da!», sage ich.

Er findet das wieder nicht witzig. Seltsam. Vergreife ich mich gerade im Ton? Zu wenig Empathiefähigkeit, wie Claudia wohl sagen würde? Die Stimmung droht zu kippen. Sicherheitshalber frage ich schnell:

«Was heißt in dem Fall direkte Kontakte?»

«Ich kenne einen der Produktmanager im Bereich Kleinere und Mittlere Unternehmen. Das würde ganz gut zu meinem Profil passen. Aber wie gesagt: Walldorf.»

Wir stehen jetzt schon mindestens 15 Minuten in der Schlange. Wir kommen der Scheibe immer näher, die Gäste und Nudelhandarbeiter mit ihren ausschließlich natürlichen Zutaten trennt.

«Am besten scheinen die Chancen gerade bei der Software AG», sagt Jens. «Da hat mir mein Headhunter eine Tür geöffnet. Seit einer Woche haben die meinen CV. Sich aber wohl noch nicht zurückgemeldet.» Jens hat einen Headhunter? Daniel hat

da auch mal was angedeutet. Warum habe ich eigentlich keinen?
«Das wäre dann immerhin Darmstadt.»

Darmstadt 98 war ja auch mal in der Bundesliga, denke ich.
Anfang der Achtziger muss das gewesen sein. Ich frage:

«Spielt Darmstadt immer noch im Stadion am Böllenfalltor?»
Jens antwortet nicht, was ich nicht schlimm finde, denn ich
wollte, glaube ich, eigentlich nur mal wieder das Wort Böllenfalltor laut aussprechen. Was ich schätzungsweise zwanzig Jahre
nicht getan habe und was sich deshalb nach Kindheit anhört
und damit auch irgendwie nach Spaghetti bolognese. Womit
mein Entscheidungsfindungsprozess in Sachen Pasta-Saucen-
Rekombination, vermutlich zusätzlich begünstigt durch mein
leadermäßiges MBTI-Profil, schon fast abgeschlossen wäre.

Dummerweise fällt mein Blick gerade jetzt auf das Kleinge-
druckte: «Enthält: 1 Konservierungsstoffe, 2 Antioxydationsmit-
tel, 3 Farbstoff.» Mein Blick wandert zurück in die Gruppos. Arrabiata ist clean. Bolognese enthält 1 und 2, Ravioli con Carne
ebenfalls. Granchi di Fiume ist mit 3 versetzt, aber das gehört
sich für Flusskrebse in Hummersauce sicher auch so. Erst denke
ich: Gibt es eigentlich ausschließlich natürliche Antioxydations-
mittel? Dann: Walldorf könnte vielleicht doch passen, denn die
bei SAP sind doch alle so fußballverrückt, und Jens bekommt
eine Saisonkarte für die SAP-Arena, und die Freizeitmannschaf-
ten des Unternehmens sollen ja auf einem Platz spielen, von
dem Darmstadt 98 in seinem Drittliga-Stadion heute vermutlich nur träumen kann. Im defensiven Mittelfeld könnte Jens
nach wie vor eine Bereicherung sein, zumindest für die dritte
Werkself. Falls die dort auch so heißt, was eher unwahrschein-
lich ist, da Software-Anbieter keine Werke haben, sondern Cam-
pusse.

Jens nimmt, ohne zu zögern, Granchi di Fiume aus Gruppo D.
Plötzlich stehe ich unter Zugzwang. Mein Blick wandert hektisch

über die Tafel. Der Pastahandarbeiter schaut mich immer ungeduldiger an. Ich kann schon das Gegrummel hinter mir hören.

Ich sage: «Ich glaube, meine Entscheidung ist irgendwie pending.»

Jens findet das schon wieder nicht lustig. Ich nehme schnell Penne Arrabiata. Während des Essens sprechen wir eher wenig. Bei der Verabschiedung umarmen wir uns wie immer halbherzig, klopfen uns umso fester auf die Schulter, aber ich merke: Zuhören war heute nicht meine Stärke. Dass ich an meiner Empathie-Fähigkeit arbeiten könnte, wenn ich wollte, hatte mir ja bereits Claudia vom Frankfurt Coaching Center geraten.

Zurück am Schreibtisch, schicke ich Jens zur Versöhnung einen YouTube-Link. In dem Video möchte ein Lego-Darth-Vader in der Kantine vom Todesstern Penne Arrabiata bestellen. Er wird vom Mann an der Kasse erst einmal zurechtgewiesen, dass er sich bitte ein Tablett nehmen soll, woraufhin Vader ausrastet, sein Laserschwert auspackt und schreit: «I run this fucking star!» Woraufhin der Kassierer antwortet, dass er doch trotzdem ein Tablett brauche, und Vader sich schließlich beschwert, dass die Tabletts ja alle nass sind.

Jens schreibt umgehend zurück. «Nicht neu, aber immer wieder lustig.»

Soweit ich weiß, ist der Rückruf seines Headhunters nach wie vor pending. SAP soll eine super Kantine haben.

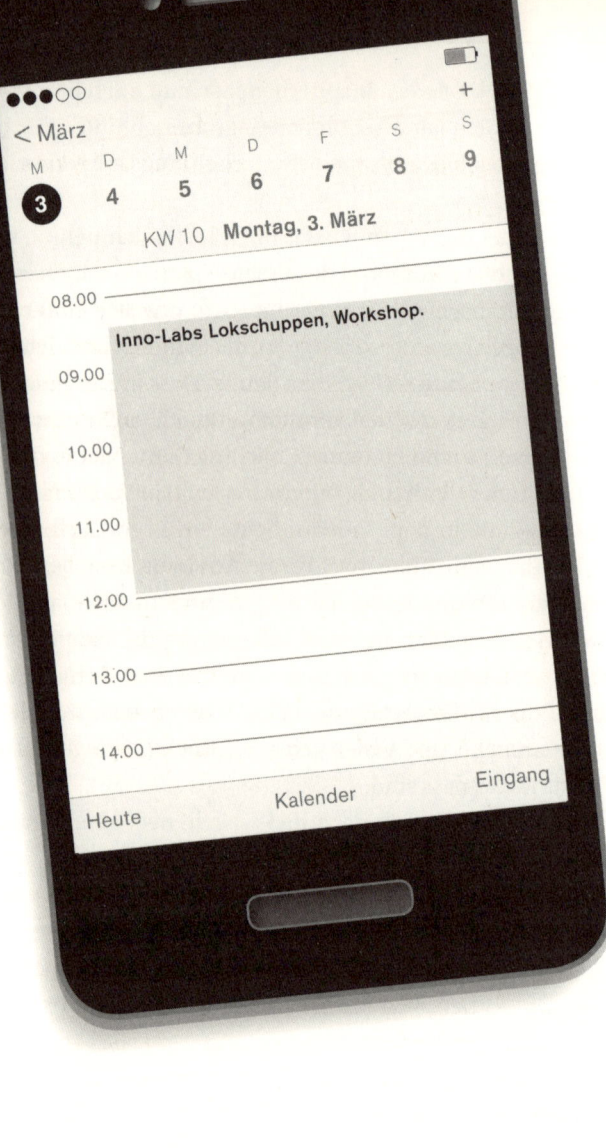

OUT OF THE BOX –
Innovationsbeschleunigung mit Design Thinking

Wer kommt eigentlich auf die Idee, Kreativ-Workshops auf montagmorgens um 8 Uhr 30 anzusetzen? Und das auch noch am Stadtrand. Zwanzig Minuten S-Bahn und dann noch zehn Minuten laufen. Ich hatte den Wecker früher gestellt. Immerhin gelingt es mir, in der S-Bahn-Station bei Ditsch noch eine Butterbrezel und einen Cappuccino zu kaufen. Wobei die Brezel deutlich besser ist als der Cappuccino. Was ja auch nicht zu den Kernkompetenzen von Ditsch gehört. So wie Kreativität anscheinend nicht zu den Kernkompetenzen der Konzern AG zählt, sonst müssten wir sie ja nicht extern zukaufen. Beziehungsweise uns dazu anleiten lassen, neue Ideen zu entwickeln, die zumindest indirekt auf unser Produkt einzahlen, wie Wendenschloss es in seiner Rundmail an alle Workshop-Teilnehmer formuliert hat. Was wohl, wenn er ehrlich ist, eher direkt als indirekt nötig wäre.

Wir haben inzwischen März. Kalenderwoche 10, wenn ich nicht irre. Wir kommen mit unserem Produkt nicht so voran, wie es wünschenswert wäre. So sieht das zumindest der Vorstand. Auf E1er-Ebene wurde deshalb beschlossen, dass wir mit Hilfe eines moderierten Formats abteilungsübergreifend nach Möglichkeiten suchen sollten, die Zusammenarbeit zu verbessern. Google und Apple arbeiten mit der Methode Design Thinking. Die schaltet angeblich Innovationsprozessen den Turbo zu. Außerdem hat Procter & Gamble mit der Methode einen Wischmopp namens Swiffer erfunden. Aus Sicht der E1er waren das offenkundig ausreichend gute Gründe, uns ins Design-Thinking-Bootcamp der co-create Innovation Labs, kurz cc-IL, zu schicken.

Die S-Bahn ist rappelvoll. Ich ergattere dennoch einen Sitzplatz und klemme den Pappbecher mit dem Cappuccino vorsichtig zwischen die Knie, um die Butterbrezel aus der Papiertüte zu holen. Langsam werde ich wacher. Und hey: Warum bin ich wieder so negativ? Eigentlich ist es doch super, dass wir mal außerhalb des Bürokäfigs ein wenig rumspinnen können. Out of the Box, wie Wendenschloss in der Mail schrieb. Ist das nicht meine Kernkompetenz? Die ich viel zu selten anwenden kann? Und wenn eine neue Methode dazu Design Thinking heißt, was auch immer das genau sein mag, kann mir das doch nur recht sein. Wenn ich ehrlich bin: Ich bin gespannt auf den Tag. Und bekomme auch langsam gute Laune.

Als ich aus der S-Bahn steige, schaue ich mir auf Google Maps noch mal den Fußweg an. Neun Minuten, sagt die App. Ich schaffe es in sieben, komme aber dennoch kurz vor knapp zum Alten Lokschuppen. Cooles Gebäude, roter Backstein, edel saniert. Da hat jemand ordentlich Geld in die Hand genommen. Ich scheine der Letzte zu sein. Ich schwitze leicht. Ich sehe ein Schild, auf dem *Welcoming Zone* steht. Und ich sehe ein gutes Dutzend bekannte Gesichter aus dem Konzern, die um ein unbekanntes Gesicht herumstehen. Das nickt mir freundlich zu. Und sagt:

«Feste Regel: Keiner unserer Workshops beginnt ohne Warmup.» Alle tragen Namensschilder. Ich nicke zurück. Und lese: *Thomas Keller, Chief Design Thinker cc-IL.*

«Warm-ups», sagt Keller, «sind kein Selbstzweck. Sie sind dazu da, den Kreislauf auf Touren zu bringen. Und um die Lippen zu lockern. Und um eventuell bestehende hierarchische Hürden einzureißen.»

Das eventuell können wir in unserem Fall wohl ohne Bedenken streichen, denke ich.

«Nur wenn diese Grundvoraussetzungen erfüllt sind», sagt

Keller, «können Design-Thinking-Teams wirklich schöpferische Kraft entfalten.» Ich schätze Thomas Keller auf Ende dreißig. Er ist eher ein Meter siebzig als ein Meter achtzig groß und trägt dunkelblaue Jeans und schwarzes Hemd und eine Brille wie Alexander Dobrindt. Seine Locken tendieren zum Afro, was, das muss man zugeben, wirklich kreativ wirkt.

Zur Welcoming-Zone der co-create Innovation Labs könnte man wohl auch Foyer sagen, von dem aus Gänge zu unterschiedlichen Workshop-Spaces führen. Der Raum ist oval, hoch und hell. Der Parkett-Boden ist mit Gummiflächen in Form von großen Farbklecksen beklebt, die sich anfühlen wie die Feldlinien in Sporthallen. An den Wänden hängen in bunten Drucken Zitate von geistigen Größen, die Design Thinking noch nicht kennen konnten. Zum Beispiel von Johann Wolfgang von Goethe: «Irrend lernt der Mensch.» Die Aufwärm-Übung heißt: Sales. Du.

«Sie erklärt sich von selbst», sagt Thomas Keller.

Neben ihm steht unser E2 Produktentwicklung, Dipl.-Ing. Dieter Wendlig, die Arme verschränkt, in seinem grauen Anzug. Keller legt Wendlig die linke Hand auf die rechte Schulter und hält ihm die rechte Hand zur Begrüßung hin. Dann sagt er in der Betonung eines überfreundlichen Guten Tags:

«Sales. Du.»

Wendlig schaut irritiert: «Ich glaube, das müssen Sie doch erklären.»

Keller versucht es noch einmal: «Sales? Du?»

Jan-Phillip Wendenschloss kennt die Übung. Natürlich. Und natürlich mischt er sich ein. Unser Ex-Meckie geht auf Keller zu und sagt: «Sales! Du!»

Daniel, der Blitzmerker, umarmt Julia und ruft: «Sales! Du?»

Und dann hat es irgendwann auch Wendlig kapiert, dass es eigentlich nichts zu kapieren gibt. Und alle 15 Teilnehmer unseres interdisziplinären Workshops bei den cc-IL schütteln sich die Hände, klopfen sich auf die Schultern, verschränken die Hände männlich wie beim Armdrücken oder machen die Ghetto-Faust und sagen dazu in unfassbar kreativen Tonfällen: Sales. Du. Sales. Du. Sales. Du.

Ich habe mal an der Berliner Volksbühne ein Theaterstück gesehen, das «Murmel, Murmel» hieß. Das funktionierte nach dem gleichen Prinzip. Alle Schauspieler sagten anderthalb Stunden nichts anderes als die Wortfolge murmel, murmel, murmel und so weiter. Das war als dadaistisches Theaterexperiment ganz lustig. Heute ist Mittwoch, aber ich könnte trotzdem kotzen, wenn ich zum E3er Vertrieb, unsympathisch bis zum Abwinken, mit großem Enthusiasmus «Sales. Du» sagen muss. Ich tue es natürlich trotzdem. Um hierarchische Hürden einzureißen, versteht sich.

Das Warm-up gewinnt an Temperatur. Erstaunlich. Es machen wirklich fast alle mit. Mit zunehmendem Spaß. Nach drei Minuten macht der Kreativdarsteller Thomas Keller eine Armbewegung wie ein Dirigent beim Schlussakkord.

«Ich glaube, das reicht», sagt er. «Und implizit und spielerisch haben wir gerade eine zweite feste Regel eingeführt. Solange wir uns in den Räumen der cc-IL befinden, duzen alle alle. Ich bin der Thomas.»

«Klasse, ich bin Jan-Phillip», sagt Wendenschloss.

Herr Wendlig, das ist seinem Gesichtsausdruck zweifelsfrei anzusehen, wird den ganzen Tag über niemanden mehr mit Namen anreden.

Wir setzen uns auf bunte Stoffwürfel, die am Rande des Ovals auf den Boden-Gummi-Armierungen lagern. Der Thomas gibt eine kurze Einführung in die wichtigsten Design-Thinking-Regeln. *Dare to be wild* gehört dazu. Julias Lieblingsregel ist seit diesem Impuls-Vortrag: *There are no good ideas.* Meine: *Build on ideas of others.* Wir irren, was ja offenkundig gut ist, was das Lernen angeht.

Der Thomas sagt: «Das sind alles wichtige Regeln, aber meine Lieblingsregel lautet: *Design-Thinking is Design-Doing.* Nicht Reden, sondern Machen ist das handlungsorientierte Design-Thinking-Analogon zum alten Sprichwort: Es gibt nichts Gutes, außer man tut es. Wir bewegen uns auf sicherem Eis, wenn wir sagen: Den meisten Konzernen täte etwas weniger Meeting-Kultur und etwas mehr Doing-Attitude sehr gut.» Der Thomas malt ein kleines Schaubild auf das Whiteboard hinter sich. X-Achse = Anzahl der Meetings. Y-Achse = Umsatz. Dann einen Bogenlampenpfeil, der uns bedeutet: Zu viele Meetings sind schlecht für das Geschäft.

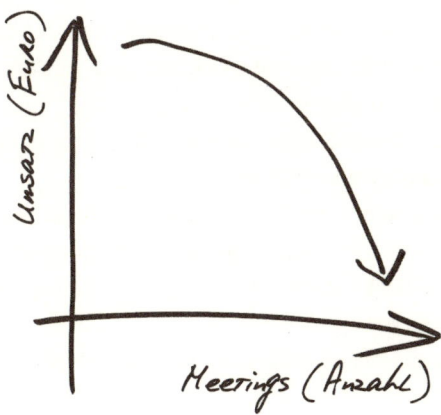

Und genau deshalb, sagt der Thomas, würde er jetzt gerne weniger mit uns über die vorgestellten Design-Thinking-Regeln reflektieren, sondern lieber in interdisziplinären Kleingruppen Prototypen von bahnbrechenden Innovationen bauen, die uns Inspiration für unser Produkt geben könnten.

Wir gehen in einen Nebenraum. Der heißt Proto-Lab und sieht aus wie der Werkraum im alten Kindergarten meines Neffen Frederik. Nur in groß. Und viel besser ausgestattet. Auf vier Werkbänken aus Holz steht jeweils eine Kiste mit Bastelmaterial, eine mit Lego-Steinen und eine mit Barbies, Kens, Big Jims und artverwandten Puppen, deren Name ich nicht kenne.

«Geil», sagt Julia. Ich bin mir nicht sicher, ob sie damit das Proto-Lab meint oder Benjamin. Benjamin ist laut Namensschild *Senior Creative Consultant*. Irgendwie habe ich das Gefühl, dass zu seinen größeren schöpferischen Leistungen des Tages eine Facebook-Kontaktanfrage an Julia Weisbrod zählen wird.

Der Kreativ-Beschleuniger meiner Gruppe ist klein und dick und heißt Guido. Er ist ebenfalls Senior Creative Consultant.

«Ich komme aber vom Programmieren her. Ich habe schon als Kind immer versucht, den Griff an den Wackelpudding zu schrauben.»

Aha, denke ich und frage mich, wie das zu der Aufgabe passt, die der Thomas gerade erklärt:

«Bitte sucht nach einem menschlichen Bedürfnis, das der Markt noch nicht bedient. Dann sucht nach einer Produktlösung. Im Idealfall ist diese Lösung auch noch mit einem neuen Geschäftsmodell verbunden.»

Unsere Lösung für das bis dato ungelöste Problem sollen wir dann mit Hilfe der Bastelmaterialen mit einem, wie der Thomas sagt, nicht-funktionalen Prototypen im Wortsinn greifbar machen. Oder genauer:

«Ideen im Wortsinn greifbar, also tangibel, machen ist der zu gehende Weg, damit Innovation im Innovation-Funnel ihre PS auch auf die Straße bekommen.»

Dipl.-Ing. Wendligs Frage nach der Funktion von nicht-funktionalen Prototypen verhallt ungehört im Proto-Lab, was sicher nicht nur daran liegt, dass er sie an niemanden konkret gerichtet hat. Wir gehen an die Werkbänke.

In der anderen Gruppe ist Benjamin begeistert von Julias Idee, nach einer Lösung für das ungelöste Problem der nassen Kaffee-tassenböden aus Spülmaschinen zu suchen. «State the obvious ist immer ein guter Startpunkt», sagt der Kreativ-Berater.

«Die Kaffeetassen stehen auf dem Kopf im oberen Korb der Spülmaschine. Das Wasser sammelt sich in dem Ring, auf dem die Tasse normalerweise steht», sagt Julia.

Sie holen eine Tasse aus der Teeküche und stellen sie umge-dreht auf die Werkbank.

«Schaut genau hin», sagt Benjamin. «Was sehen wir?»

«Ein Ikea-Logo», sagt Kai, E4 im Vertrieb.

«Den Gedanken heben wir uns für das Geschäftsmodell auf», sagt Benjamin. Er sieht die Lösung bereits. Julia spricht sie aus.

«Wir sägen Kerben in den Rand, durch die das Wasser ablau-fen kann.»

«Das ist unser Swiffer», sagt Benjamin.

«Great minds think alike», sagt Julia.

«Ist das auch eine Design-Thinking-Regel?», fragt Kai.

«Wir machen es zu einer», sagt Benjamin.

In meiner Gruppe will sich der Kreativturbo hingegen nicht so recht zuschalten. Immerhin ein Problem haben wir gefunden, das mir, offen gesagt, etwas relevanter als nasse Kaffeetassen-böden erscheint:

Warum sind wir immer zu faul, um aufs Fahrrad zu steigen? Und das, obwohl wir doch alle so wunderbare Erinnerungen an unser erstes Fahrrad haben und als Kinder alle so gerne gefahren sind.

Auch wir sagen das Offensichtliche: «Schlechtes Wetter, schlechte Straßen, kein Bock.» Wir diskutieren lange über E-Bikes mit Kabinen.

Guido fordert, dass wir mal stärker out of the Box denken sollen. Es nützt nichts. Beamen ist keine Lösung eines sozialen Problems, solange es keine technische Lösung dafür gibt.

Guido sagt, wir sollen uns in unsere Kindheit zurückversetzen. Ich bin nicht sicher, ob das in meinem Fall zu einer hundert Prozent nachhaltigen Lösung für innerstädtischen Individualverkehr führt. Ich bin auf dem Land aufgewachsen. In einem Dorf, dessen Name zwei Bindestriche hat, weil wir im Zuge von sozialdemokratischem Verwaltungs-Aktionismus in den siebziger Jahren gleich zwei Mal eingemeindet wurden. Biebertal-Rodheim-Bieber.

Ich folge Guidos Anweisung dennoch.

Ich versetze mich gedanklich in die Garage meines Groß-Cousins Stefan im Nachbardorf, Lollar-Ruttershausen. Sein Fußball war Auto-Schrauben. Manchmal half ich ihm dabei, aus zwei VW Sciroccos einen zu machen. Dabei hörten wir «Metallica» oder die Bundesliga-Konferenz.

In Biebertal-Rodheim-Bieber, wie auch in Lollar-Ruttershausen, gab es damals vier Lösungen für motorisierten Individualverkehr: Mofa, Moped, Motorrad und Auto. Genau genommen gab es auch noch eine fünfte, aber die war eher uncool: Traktor. Ich denke, die kann ich direkt aussortieren. Ich muss weiter zurück, gedanklich meine ich.

Mein Kinderfahrrad war gelb. Es hatte keine Gangschaltung. Aber man konnte damit im Steinbruch über Sprungschanzen fahren, schief landen, dabei stürzen und sich mindestens ein, meistens beide Knie aufschlagen und heulend nach Hause schieben. Ich glaube, mir reicht es mit der Rückversetzung.

Während ich überlege, wie ich die Lasst-uns-beamen-Idee

doch irgendwie produktiv in den Workshop einbringen kann, sagt Dipl.-Ing. Wendlig: «Wir brauchen ein Rad wie ein iPhone.»

Der Satz steht für ein paar Sekunden im Raum. Wo hat er den hergeholt? Alle spüren: Wir sind an was Großem dran. Vermutlich zu groß für einen Workshop. Ziemlich sicher eine echte Geschäftsidee, welche die Fahrradindustrie mindestens so stark verändern könnte wie das Mountainbike.

Wir zeichnen, wir schneiden, wir kleben. Wir feilen, stecken zusammen, wir kleben um. Zwei Stunden lang. Dann sitzt Big Jim auf einem Traum von einem Fahrrad. Wir nennen es «HighEnd SmartBike».

Dipl.-Ing. Wendlig weiß jetzt, wozu ein nicht-funktionaler Prototyp gut ist. Dieser hier, Maßstab 1:6, macht seine große Idee tangibel. Er ist bereit für die Präsentation im Plenum. Zum ersten Mal seit der Erfindung von PowerPoint ohne PowerPoint. Er scheint sich gut zu fühlen.

«Das ist das ‹HighEnd SmartBike›», sagt Wendlig. «Kunden werden es lieben wir ihr iPhone.» Mit dem Finger fährt er über den Rahmen. «Gutes Design ist klares Design. Gut, das ist an dem Prototypen jetzt natürlich nicht in Gänze auszuarbeiten gewesen, aber die automatische Gangschaltung! Sie sehen, dass Sie nichts sehen. Ganz recht, die ist ja auch versteckt in der Radnabe. Die Ballonreifen fahren mit 1,5 Bar und wirken wie eine Rahmenfederung.» Die Sitzhaltung sei revolutionär komfortabel. Der gepolsterte Sattel ebenfalls. Und das «smart» im Namen komme natürlich nicht von ungefähr, denn natürlich gäbe es zum «HighEnd SmartBike» eine App, die den Radfahrer präzise von A nach B führe.

Das Plenum klatscht. Immer lauter. Dipl.-Ing. Dieter Wendlig schaut glückselig in die Runde. Das Feedback könnte freundlicher kaum sein. Das Plenum teilt unseren Eindruck: Wir sind an etwas Großem dran.

Benjamin fragt: «Ist es nicht eine Überlegung wert, dem Vorstand vorzuschlagen, mal einen Testballon steigen zu lassen? Ein Konzern wie unserer hat doch die Mittel dazu.»

Nur ist unser Konzern nicht auf dem Geschäftsfeld disruptive Fahrräder unterwegs. Fahrräder wie iPhones würden unsere strategische Ausrichtung der Konzentration aufs Kerngeschäft komplett konterkarieren. Und welcher E1er, bitte schön, würde die Aufforderung des Vorstands ernst nehmen, mal so richtig out of the Box zu denken, und dem Vorstand einen solchen Vorschlag präsentieren? In Form eines nicht-funktionalen Prototypen?

Aber wer weiß: Vielleicht braucht es ja so einen Impuls von außen. Nur warum muss ausgerechnet dieser Benjamin ihn geben? Und verdammte Hacke, warum schaut Julia diesen Benjamin die ganze Zeit an, als habe *er* das Rad neu erfunden?

Jan-Phillip sagt: «Nicht-innovative Unternehmen verschwinden vom Markt. Wir müssen uns neu erfinden, Dieter.»

Wendlig hält den nicht-funktionalen Prototypen mit der Big-Jim-Figur immer noch in der Hand. Er schaut immer noch ganz glückselig durch das Proto-Lab.

«Es gibt nichts Gutes, außer man tut es, Jan-Phillip.»

Man ist sich schnell einig: Der Prototyp soll noch ein wenig verfeinert werden. Dann wollen Wendlig und Wendenschloss ihn gemeinsam ihren E1ern von Forschung & Entwicklung und Marketing präsentieren.

Der Thomas war die ganze Zeit ganz still. Dann interveniert er:

«Mit genau so einem HighEnd SmartBike hat Shimano vor einigen Jahren Dutzende Millionen US-Dollar versenkt.»

Auf einmal steht ein anderer großer Satz im Raum.

Wendlig sieht aus, als versetze er sich gerade in einen sehr traurigen Moment seiner Kindheit zurück. Ich weiß nicht, wie ich aussehe. Aber ich gebe zu: Auch ich bin enttäuscht.

Die Diskussion kommt dann schleppend voran. Jan-Phillip fragt, ob bei Shimanos SmartBike vor ein paar Jahren vielleicht die Zeit noch nicht reif war.

Etwas zögerlich schlägt er vor: «Vielleicht sollten wir uns den Case noch mal genauer anschauen, um aus den Shimano-Fehlern zu lernen.»

Alle nicken. Aber im Grunde spüren wir, dass es mit dem menschlichen Grundbedürfnis nach einem Fahrrad wie ein iPhone vielleicht doch nicht so weit her ist. Und dass wir vielleicht doch eher die Finger von einem solchen Projekt lassen sollten, wenn ein weltweit erfolgreicher Fahrrad-Komponenten-Hersteller mit verdammt viel Branchenkenntnis wie Shimano daran gescheitert ist. Der Thomas versichert uns, dass dies alles nicht schlimm sei: «Fail early and often! Das ist eine weitere wichtige Regel im Design Thinking.»

Über die Tassen mit den Ritzen im Boden reden wir dann nur noch kurz. Klar ist die Idee gut. Aber unsere Susanne hat solche Tassen schon vor ein paar Jahren für einen Euro bei Ikea gekauft.

Julia sieht dennoch nicht enttäuscht aus. Sie steht zwischen Benjamin und mir.

«Great minds think alike», flüstert sie. Leider in Richtung Benjamin.

Meine Laune ist auf dem Nullpunkt angelangt.

Ich denke: Früh und oft scheitern können wir doch eigentlich auch ohne Design Thinking sehr gut.

Bevor wir gehen, müssen wir noch Bewertungsbögen ausfüllen. Susanne hat später nicht nur die Workshop-Kosten von 30 000 Euro kolportiert, sondern auch das aggregierte Feedback der Gruppe. Aus dem geht klar hervor: Ein großer Erfolg war das, der Innovationsworkshop. So haben es Wendlig und Wendenschloss dann auch jeweils ihren E1ern erzählt. Es war Konsens

zwischen den beiden: «Design Thinking ist ein vielverspre-
chender Ansatz, unser Innovationsmanagement up to speed zu
bringen.»

Konsens war wohl ebenfalls, dass es unsere Wettbewerbs-
situation nur stärken kann, wenn wir mit Innovationen schneller
Richtung Markteinführung gehen als die Mitbewerber. Über
konkrete Ergebnisse des Workshops haben Wendlig und Wendenschloss, soweit Susanne weiß, mit ihren Elern nicht gesprochen.

RESULTS-ONLY-WORK-ENVIRONMENT –
Endlich Schluss mit der Präsenzkultur

In Dr. Meyerbeers Eckbüro brennt noch Licht. Wie eigentlich jeden Abend um acht. Unser E1er ist kein Sympath, finde ich. Ich habe auch noch niemanden im Konzern getroffen, der das behauptet. Aber alle reden von seiner Leistungsfähigkeit. Jörg Meyerbeer ist Anfang fünfzig, mindestens 1,90 Meter groß, schlank, nein, hager, und trägt seine grauen Haare immer im akkuraten Seitenscheitel. Er läuft seit 2000 jedes Jahr den New-York-Marathon mit, wohl immer noch deutlich unter drei Stunden. Sympathie kann man ihm absprechen. Feingefühl sicher auch. Durchhaltevermögen nicht.

Wie jeden Abend um acht wartet Daniel bei offener Bürotür darauf, dass Meyerbeer durch den Flur schreitet und den Satz sagt:

«Machen Sie doch Schluss. Den Rest schaffe ich alleine.»

Es weiß dann niemand so genau, was mit Rest gemeint ist. Unser Überstundenrekordhalter Daniel sagt dann in aller Regel:

«Ich möchte noch kurz was fertig machen.»

Das hat mir zumindest Susanne erzählt, von der Julia wiederum sagt, dass sie vermutlich gar kein Zuhause hat. Wobei Julia das genau wie ich ja eigentlich nur vom Hörensagen wissen kann. Wir beide sind selten nach halb sieben noch im Konzern, was uns dank Zeiterfassung bis E4 ja auch tarifvertraglich zusteht.

Dass Jan-Phillip bei Wer-bleibt-am-längsten mitspielt, kann ich noch irgendwie verstehen. Schließlich hat Meyerbeer ihn zum Konzern geholt, und er hat als E2er das All-inclusive-Paket gebucht. Inklusive Dienstwagen und inklusive Überstunden.

Aber Daniel? Auch er dürfte laut Tarifvertrag nach acht Stunden mit dem Surfen aufhören. Früher war nicht alles besser. Aber vieles. Warum werden Akkordbrecher heute eigentlich nicht mehr sauber vom Betriebsrat weggemobbt? Und warum müssen Julia und ich, wenn wir um halb sieben unsere Sachen packen, uns regelmäßig von Daniel den Spruch anhören: «Na, halben Tag Urlaub genommen?»

Die Arbeitszeitrevolution kommt jetzt von oben. Ausgerechnet. Wir haben einen neuen Head of Human Ressources, Personalvorstand Dr. Richard Semmling. Der ist, rein optisch gesehen, das genaue Gegenteil von Meyerbeer. Maximal 1,70 Meter, minimal neunzig Kilo. Dafür nach wie vor mit sattem Blond und immer gesunder Gesichtsfarbe. Es heißt, er koche sehr gut und verfüge über einen Weinkeller, um den ihn sogar unser CEO Hanns Kaiser beneide. Mit dem er sich wohl dennoch gut versteht, zumal Semmling wohl gerade Kaiser dabei berät, wie dieser geschickt in ein eigenes Weingut investieren könnte.

Wie auch immer: Unser Head of Human Ressources hat gegen den Widerstand des Aufsichtsrats, aber, wie es heißt, mit Unterstützung unseres CEO die Parole ausgegeben: Schluss mit der Präsenzkultur!

Meine Rede. Wobei ich da sauber mit der Quellenangabe sein muss. Eigentlich ist es die Rede meines Onkels Dietmar. Die Rede ist rund 25 Jahre alt. Onkel Dietmar war Angestellter in der Univerwaltung in Marburg, also Inhaber einer linken Planstelle. Als freigestellter Betriebsrat kämpfte er offiziell für die Einführung der 35-Stunden-Woche, die er inoffiziell für sich bereits eingeführt hatte. Daniel und seine Präsenzkultur hätten mit ihm wenig Spaß gehabt. Onkel Dietmar ging übrigens mit 58 und vollen Bezügen in Rente. Warum er das «System Helmut Kohl», wie er es nannte, dafür hasste, habe ich nie ganz verstanden.

Irgendwie werde ich den Eindruck nicht los, dass Onkel Dietmar und Dr. Semmling Brüder im Geiste sind. Nur dass Semmling beim Gang durch die Institution den deutlich längeren Atem hatte. Oder mehr Motivation.

Semmling kommt von der Deutschen Post AG. In der *Revue für postheroisches Management* war kürzlich ein größeres Porträt über ihn und über seinen, wie es in dem Artikel hieß, «revolutionären Ansatz, für mehr Motivation durch mehr Zeitsouveränität in einer ermöglichenden Organisation zu sorgen». Irgendjemand im Konzern hat den Link getwittert, und Julia hat den Artikel an mich weitergeleitet. Uns beiden kamen umgehend Zweifel, ob ausgerechnet unser Konzern sich in eine «ermöglichende Organisation» transformieren kann, wie Semmling schreibt. Und ob seine Idee, den Mitarbeiter zu befähigen, in die Rolle eines «selbstbestimmten Unternehmens-Citoyen» zu schlüpfen, ebenfalls funktioniert. Was wohl so viel heißen soll wie: Jeder Mitarbeiter versteht seine Rolle als die eines verantwortungsbewussten Bürgers in einem funktionierenden demokratischen Gemeinwesen. Er kennt seine Rechte und Pflichten und bringt sich mit voller Kraft zum Wohl des Gesamten ein, womit er dann auch ein Anrecht auf individuelle Vorteile erwirbt. Irgendwo habe ich mal den Satz gelesen: Die Politik macht das Mögliche, die Wirtschaft das Nötige. Offenbar will Semmling das zusammenführen.

Jan-Phillip scheint guter Hoffnung, dass dies mehr als Geschwurbel ist. Also mehr als Rhetorik, mit der sich ein Personal-Vorstand unter seinesgleichen als besonders innovativ profilieren möchte. Unser Chef arbeitet an einem Konzept, wie wir ROWE nach amerikanischem Vorbild für unseren Konzern adaptieren können. Also ein Results-Only-Work-Environment. Das bedeutet nichts anderes als: Es kommt nicht darauf an, wann du etwas machst. Oder wo. Wichtig ist nur, dass du deine Aufgabe gut erledigst. Die Ergebnisse zählen, sonst nichts. Auf einer Vorstandssitzung soll in diesem Zusammenhang der Satz gefallen sein: «Leute werden für ihren Kopf bezahlt, nicht für ihren Arsch.»

Wir, Marketing II, New Products, sollen die Keimzelle des Wandels im Hinblick auf das Ende der Präsenzkultur werden. An dieser konzeptionellen Transformationsaufgabe arbeitet Jan-Phillip, in Abstimmung mit Dr. Meyerbeer, zusätzlich zu seinen marketingstrategischen Assignments für das Produkt. Weshalb bei ihm zurzeit das Licht als Letztes ausgeht. Aber das scheint ihm nicht das Geringste auszumachen, was, so behauptet er zumindest, nicht nur an der Tatsache liege, dass der Auftrag von ganz oben kommt.

«Wir haben hier die einmalige Chance, ein Stückweit Arbeitsutopie in die Realität zu holen.» Das hat er neulich in der kleinen Lage gesagt. Dafür lohne es sich, in der Übergangsphase einen Gang höher zu schalten. Wobei bei ihm, Jan-Phillip, der Fall sowieso etwas anders gelagert sei: «Wenn ich für eine Aufgabe brenne, dann kann ich auch ganze Nächte durcharbeiten. Dann gehe ich die Extra-Meilen selbstmotivativ.»

Er wisse dann selbst nicht, woher er die Energie ziehe. Sie stünde einfach zur Verfügung. Daniel, der alte Angeber, meinte in der kleinen Lage die Information mit uns teilen zu müssen, dass auch er in der Woche mit maximal fünf Stunden Schlaf gut auskomme. Und er sowieso schon als Kind es immer doof fand, warum der Mensch mit Schlaf so viel Zeit verplempern muss.

Nun fand ich als Kind Zeitverplempern gerade gut. Und ich habe auch schon lange nicht mehr für eine Aufgabe gebrannt. Aber grundsätzlich gilt für mich: Neun Stunden Schlaf und ich bin fit. Acht Stunden sind okay. Unter sieben habe ich mindestens bis zum Mittagessen schlechte Laune, und es ist mir dann auch deutlich lieber, wenn man mich für meinen Arsch bezahlt und nicht für meinen Kopf. Julia ist schlaftechnisch auf meiner Seite.

Ihr Kommentar war: «Wenn ich weniger Schlaf bräuchte, hätte ich endlich mehr Zeit zum Schlafen.»

Jan-Phillip fand das zwar auch sehr lustig, hat die Schlafdiskussion dann allerdings abrupt abgebrochen. Weil wir auf dem Weg weg von der Präsenzkultur beziehungsweise hin zu deren Ende, unabhängig von den persönlichen Schlafbedürfnissen, keine Zeit verplempern sollten. Er hat auch schon einen Arbeitstitel für sein Transformationsprogramm: *Own the way you work.*

«Auf der Postkarte erklärt», hat Jan-Phillip gesagt, «versucht *Own the way you work* die Kernelemente der New-Work-Bewegung, also im Wesentlichen Selbstorganisation und Selbstmotivation, auf Konzernstrukturen herunterzubrechen und mit diesen kompatibel zu machen. Was dann natürlich voll und ganz auf Dr. Semmlings utopisches Ziel des Mitarbeiters als Citoyen im Unternehmen, mit allen Rechten und Pflichten, einzahlt.» Das möge sich alles etwas abstrakt anhören, aber nun beginne ja die Phase, die Alltagstauglichkeit des Konzepts zu testen, und für uns bedeute das:

«Verbringt so viel Zeit im Home Office, wie ihr wollt. Oder bei Starbucks. Oder wo immer ihr wollt. Nur die Ergebnisse zählen.»

Vielleicht habe ich Jan-Phillip falsch eingeschätzt. Nach dem Design-Thinking-Workshop hat er zu uns gesagt: «Natürlich bleibt es beim Du. Nicht nur in den Räumen der co-create Innovation-Labs. Sondern auch hier im dritten Stock.»

Und in der Tat hat sich im Team Marketing II, New Products einiges verändert in Sachen Ermöglichung und Unternehmens-Citoyen. Ich habe gestern nur kurz zu Susanne gesagt: «Morgen komme ich später rein.» Und sie hat wissend genickt. Das machen schließlich alle so, seit *Own the way you work* bei uns als Pilotprojekt läuft. Alle außer ihr und Daniel, meine ich.

Es ist Dienstag. Es ist 11 Uhr 30. Ich bin ausgeschlafen und sitze im Schlafanzug am Küchentisch. Meine Küche ist nicht groß, aber funktional, und ich schaue aus dem Küchenfenster auf einen Park. Nur, lieber Vermieter, Braun hätte bei einer neuen Einbauküche nun wirklich nicht sein müssen. Aber dieses Schicksal teilen ja viele Mieter. Ich denke kurz darüber nach, ob es hinter Braun als dominanter Farbe für Küchen in Mietwohnungen eine selbstverstärkende Logik gibt. Nach dem Motto: Braun will keiner, deshalb wird es verramscht, deshalb kaufen es Vermieter, denn sie müssen darin ja nicht wohnen, und weil das so ist, produzieren Küchenhersteller noch mehr braune Küchen. Ich komme zu keinem logischen Schluss. Und ich bin mir auch unsicher, ob meine Küche nach Definition von Dr. Semmling als Home Office durchgeht. Kann der ja eh nicht kontrollieren, denke ich, bevor mir klarwird, dass Semmling das ja gar nicht kontrollieren will, weil keine Kontrolle ja gerade der Witz von Selbstorganisation ist.

Ich mache mir mal den dritten Kaffee und das zweite Brot. Es fühlt sich gut an, die eigene Arbeitsweise zu besitzen. Die dreckige Wäsche habe ich schon sortiert. Das Fernsehprogramm am Morgen ist allerdings in der Tat so schlecht wie sein Ruf.

Meine Aufgabe ist klar definiert. Oder wie Jan-Phillip sagt: «Die Leitplanken für mehr Eigenverantwortung sind gesetzt.» Ich muss einen Budgetplan für die geplante Online-Kampagne für das Produkt erstellen und, wie Jan-Phillip betont hat, sauber mit Zahlen hinterlegen. Die Excel-Tabelle ist schon angelegt. Die Grundstruktur, meine ich. Also die Rubriken Playbooks, Content, Channels, Crosschannels und Costs. Jetzt müsste ich die Verknüpfungen setzen, bin aber nicht sicher, welche.

Zur Sicherheit habe ich das Mail-Programm laufen. Schließlich bin ich nicht im Büro und sollte schon erreichbar sein. Julia schreibt, sie sei bei Starbucks, um sich von einem third place

inspirieren zu lassen. Aber dass dies leider nicht so gut funktioniere, wie in Jan-Phillips-Konzeptpapier behauptet. Ich gehe in
den Skype-Chat. Wusste ich es doch. Julia ist online.

Lukas Frey   11:08
Was ist ein third place, dearest?

Julia Weisbrod   11:09
Ein dritter Ort, dearie!
http://en.wikipedia.org/wiki/Third_place
Nicht zu Hause, nicht Arbeit. Ideal, um kreativ zu sein.

Lukas Frey   11:13
Zu Hause scheint mir schon mal nicht ideal.

Julia Weisbrod   11:15
Ideal zum Prokrastinieren!

Lukas Frey   11:15
???

Julia Weisbrod   11:16
http://de.wikipedia.org/wiki/Aufschieben!!!

Ich klicke auf den Link. Und lese:

Aufschieben,
auch **Prokrastination** (lateinisch *procrastinatio* «Vertagung», Zu-
sammensetzung aus *pro* «für» und *cras* «morgen»), **Erledigungsblockade**, **Aufschiebeverhalten**, **Erregungsaufschiebung** oder
Handlungsaufschub ist das Verhalten, als notwendig, aber auch
als unangenehm empfundene Arbeiten immer wieder zu ver-
schieben, anstatt sie zu erledigen.

Das kommt mir dann doch bekannt vor. Ich gehe zurück in den Chat:

Lukas Frey   11 : 20
Früher nannte man das Mañana-Mentalität ;)

Julia Weisbrod   11 : 20
Sorry, dearie, ICH muss arbeiten. Hasta!

Julia stellt ihren Skype-Status auf *beschäftigt.*

Ich wollte schon immer mal genauer wissen, wann Aufschieben eigentlich pathologisch wird.

Von oben betrachtet, ist das schon eine große Leistung von Google: Die größte Prokrastinations-Maschine aller Zeiten zu sein und mir gleichzeitig meine Frage nach den pathologischen Grenzen des Aufschiebens zu beantworten. Statistisch ist die Chance, dass ich es habe, eins zu fünf. Zwanzig Prozent der Bevölkerung sind krankhafte Prokrastinierer. Und zwar zu gleichen Anteilen Erregungs- und Vermeidungsaufschieber. Interessant.

Der Erregungsaufschieber behauptet von sich, dass er den Zeitdruck brauche, um kreativ zu sein. Das Adrenalin, so seine innere Legende, wird ihm die Fähigkeit geben, auf den letzten Drücker doch noch ein Meisterwerk rauszuhauen. Im Durchschnitt seien diese Meisterwerke, so die Forschung, dann aber leider weit unter Durchschnitt. Auf seine Art und Weise finde ich den Vermeidungsaufschieber sympathischer. Bescheidener. Der schiebt mit der innerlichen Begründung auf, später eine Begründung zu haben, dass sein Ergebnis wegen des hohen Zeitdrucks natürlich nichts werden konnte.

Sehr interessant finde ich auch, dass beide Prokrastinations-Varianten in einen avoidance-avoidance-Konflikt hineinführen. Das bedeutet offenbar: Je länger wir eine unangenehme Aufgabe vor uns herschieben, desto unangenehmer erscheinen uns die Folgen, wenn wir nicht liefern. Daher bekommen wir am Ende doch immer noch irgendwas gebacken. Immerhin.

Trotz längerer Suche finde ich keine Studie zu der Frage, wie sich Prokrastinations-Ineffizienzen in Teams eigentlich aufaddieren. Ich nehme mir vor, da heute Abend noch einmal genauer nachzuforschen, denn dummerweise muss ich jetzt los. Um 14 Uhr ist Update-Meeting für das Produkt.

Scheiße! Da soll ich ja schon mal eine Rohfassung des Online-Marketing-Budgetplans vorlegen.

Ich habe Glück. Ich hatte nicht mitbekommen, dass Jan-Phillip gar nicht beim Product-Update dabei sein kann, weil er ja jetzt Teil eines Steuerkreises von Dr. Semmling bei der Restrukturierung von Human Ressources ist, die künftig nicht mehr Human Ressources heißen soll, weil Menschen schließlich mehr als menschliche Ressourcen seien, wie Semmling sagt. Womit er sicher recht hat. Der Steuerkreis heißt übrigens offiziell Sounding-Board, damit das Gremium keinen allzu offiziellen Charakter hat. Es tagt jedenfalls immer dienstagnachmittags. Julia hat das im Unterschied zu mir offenkundig mitbekommen. Sie ist jedenfalls auch nicht da. Ich klappe das Notebook auf. Ihr Skype-Status ist immer noch *beschäftigt*. Und Sebastian hat entschieden, dienstags und freitags grundsätzlich komplett Home Office zu machen, womit er bei seiner 80-Prozent-Stelle zeitlich gut hinkomme.

Außer mir sitzen also nur Susanne und Daniel im kleinen Konfi. Wie groß der wirkt, wenn er leer ist. Susanne holt drei Kaffeetassen vom Sideboard auf unseren Gelbstich-Tisch. Ich wittere meine Chance, Erregungsaufschiebung rhetorisch produktiv zu machen. Ich entscheide mich, das System mit seinen eigenen Waffen zu schlagen. Ich höre mich sagen:

«Mit so einer Skeleton-Crew macht das doch keinen Sinn.»

Daniel ist mit seinem Konzept zur Integration der Social-Media-Aktivitäten in die Gesamtkampagnenstrategie eigentlich fertig. Er würde es auch gerne präsentieren. Aber ohne Jan-Phillip? Er präsentiert dennoch. Akribisch und uninspiriert, denke ich. Nicht einmal Nerd, nur Streber.

Offenbar sieht man mir meine Gedanken an.

«Mit *dieser* Skeleton-Crew macht das wohl wirklich keinen Sinn», sagt Daniel.

Susanne hat Angst, dass die Situation eskaliert.

«Ich schaue mal in Jan-Phillips Terminkalender.» Sie klickt und klickt und klickt. «Vor Freitag kommender Woche ist nix zu machen, weil er bis dahin seine Vorstandspräsentation ‹making selforganisation work› fertig haben muss.»

«Na bestens», sagt Daniel. «Wir haben schon KW 13. Aber in puncto Produkteinführung noch null results.»

Susanne klickt weiter.

«Ich will versuchen, ob ich nicht doch noch was freischießen kann. Aber ich bin da, offen gesagt, wenig optimistisch.»

Daniels Gesicht wird noch fahler. Bei ihm ist das ein Zeichen von Wut: «Seien wir doch mal ehrlich. Am Ende des Tages zählt, ob wir das Produkt erfolgreich auf die Straße bringen. Und dazu gehört, dass wir die Social-Media-Aktivitäten sauber aufgleisen.»

«Absolut nichts zu machen. Tut mir leid», sagt Susanne.

Meine Laune hebt sich. Ich gehe heute mal etwas früher aus dem Büro. Morgen ist schließlich auch noch ein Tag, denke ich. Und Donnerstag mache ich wieder Home Office und meinen Online-Budgetplan fertig. Das ist zumindest der selbstorganisierte Plan. Den ich leider nicht werde umsetzen können, wie sich am Mittwoch herausstellt. Was in diesem Fall keiner Erledigungsblockade geschuldet ist. Eher im Gegenteil.

Ob es genau so war, wissen wir natürlich nicht. Aber der Flurfunk aus der siebten Etage erzählt die Geschichte laut Susanne so:

Am Dienstagnachmittag fehlte Dr. Semmling im Steuerkreis beziehungsweise Sounding-Board. Unser CEO, Hanns Kaiser, hatte ihn zu einem seiner berüchtigten Ad-hoc-Gespräche geladen. In diesem müssen Sätze gefallen sein wie:

«Wenn man Fehler macht, muss man auch die Stärke haben, diese rückgängig zu machen.»

Und: «Wir sind zunächst einmal unseren Kapitaleignern verpflichtet.»

Und: «Vielleicht habe ich mich nicht klar genug ausgedrückt, aber Geld wird in unserer Branche immer noch mit Effizienzgewinnen verdient und nicht mit Schlendrian.» Und Schlendrian hieße in der HR wohl neuerdings *Own the way you work*.

Der siebte Stock behauptet, dass der CEO nun Dr. Semmling unter verschärfte Beobachtung gestellt habe. Semmling wiederum habe betont, dass er auch nicht wisse, wie die Leute von Dr. Meyerbeer ihn so grundlegend missverstehen konnten und offenkundig nicht begriffen hätten, dass Selbstorganisation natürlich nur in den Grenzen eng gesteckter Leitplanken funktioniere. Und dass Marissa Mayer, die ja von Google zu Yahoo gewechselt ist, dort endlich Schluss mit dieser ausgeuferten Home-Office-Kultur gemacht habe. Vollkommen zu Recht, versteht sich, denn die ersten Erfahrungen zeigten ja, dass es extrem kontraproduktiv für Teams ist, die Ressourcen nicht an einem Ort zu bündeln. Hanns Kaiser soll dann gesagt haben:

«Mir wird dieses Personaler-Gequatsche nun langsam wirklich zu viel. Ich hoffe, mich klar genug auszudrücken, wenn ich sage: Mit Präsenzkultur ist ein für alle Mal Schluss.»

Jetzt ist Mittwochabend, kurz vor acht. Im Büro von Dr. Meyerbeer geht gerade das Licht aus. Wir hören Schritte. Er schaut in unser Büro und sagt: «Ich gehe heute etwas früher, da ich noch trainieren möchte.»

Jan Phillip hat das Product-Update für morgen früh 9 Uhr angesetzt. Es ist ihm vollkommen egal, wann und wo wir unsere Präsentationen vorbereiten. Kurz nachdem Meyerbeer weg ist, schaut auch Daniel bei uns rein. Er hat seine Jacke an und wünscht Julia und mir noch einen schönen Abend. Offenbar hat er sich einen halben Tag Urlaub genommen.

PEOPLE, PLANET, PROFIT –
Mehr Nachhaltigkeit wagen

M it nachhaltiger Unternehmensführung ist das ungefähr so wie bei Sex und Teenagern. Alle reden drüber. Fast keiner macht es. Und die, die es machen, machen es schlecht.»

Wow. Das nenne ich mal einen Aufschlag von Beat Grasweiler. Bei seinem ersten größeren Auftritt im Konzern, bei dem E1 abwärts ein großer Teil der Führungsriege im Raum sitzt. Ich schätze, wir sind so rund 400 Leute. Verteilt auf zwanzig Stuhlreihen, bei denen auf jeder Lehne ein grünes Schildchen *FSC-zertifiziertes Ökoholz* klebt. Noch mal wow. Ich schätze 380 der 400 lachen über seinen Einstiegsgag. Was in dem Fall wirklich nicht gegen Grasweiler spricht. Der ist offenbar der erste Schweizer mit Humor seit Emil.

Aber über Grasweiler hört man ohnehin viel Gutes. Was naturgemäß etwas mit seiner Position zu tun hat. Beat Grasweiler ist unser neuer Chief Sustainability Officer. Kurz CSO. Nachhaltigkeitsbeauftragter klang in der Tat etwas sehr dröge. So hieß noch sein Vorgänger. Der ist ins Umweltbundesamt gewechselt und wird, so hat ihn zumindest das Intranet verabschiedet, bei neuen Richtlinien für Zulassungsverfahren von Produktionsanlagen mitwirken.

Grasweiler kommt aus St. Gallen. Das Intranet hat ihn als akademischen Querdenker mit hohem Praxisbezug begrüßt, der unser ohnehin schon vorbildliches Nachhaltigkeitsmanagement mit nachhaltiger Unterstützung des Gesamt-Vorstands nachhaltig weiterentwickeln soll.

Wie ein akademischer Querdenker sieht der gar nicht aus. Eher wie Daniel in charismatisch. Blauer Anzug, blaue Krawatte, blaue Augen. Was bei dunklen Haaren, zumindest laut Julia, ja zusätzlich attraktiv ist. Julia sieht heute wieder verdammt gut aus. Wie immer Ton in Ton. Diesmal dunkles Grün und nicht-leuchtendes Orange. Neulich hat sie erzählt, dass sie jetzt viel bei einem Ethical-Fashion-Online-Shop bestellt. Würde ja thematisch passen. Im Gesicht hat sie heute nur ein bisschen Mascara. Und kein Lippenstift? Oder ist der so natürlich, dass man ihn nicht sieht? Ich frage mal nicht. Wie meistens. Mein Gefühl ist: Die Facebook-Chats mit der Kreativitäts-Bestie Benjamin werden weniger werden. Und so wie Julia diesen Schweizer gerade anschaut, wird Nachhaltigkeit in ihrer persönlichen Themen-Agenda deutlich nach oben klettern. Womit sie sich dann ja, wie Jan-Phillip wohl sagen würde, in vollem Alignment mit der Organisation befände.

Zeitlich ist es wohl Zufall, aber Beat Grasweiler hat wirklich Glück: Unser ohnehin schon vorbildliches Nachhaltigkeitsmanagement hat seit letztem Monat ein neues Zuhause: das Center for Corporate Sustainability, kurz CCS. Da ist nun wirklich nix mehr mit gehobenem Fachhochschulcharme. Das CCS ist ein Glas-Kubus, der rechts vom Haupteingang gerade noch auf das Firmengelände passte. Tolle Architektur, zudem intelligent. Die Fassade färbt sich je nach Lichteinfall in immer dunkleres Grün. Green-Building nennen es die holländischen Architekten. Die innere Haltung unseres Unternehmens nehme bauliche Gestalt an. Wenn das Gebäude-Energie-Management voll funktioniert, wird das CCS selbst mehr Energie produzieren als verbrauchen. Für den Übergang sitzen wir unter Heizpilzen. Ich schwitze. Julia friert. Wir tauschen die Plätze, während Grasweiler vorne auf der Bühne drei Begriffe auf das Flipchart schreibt.

People   Planet

Profit

«Diese drei Wörter beschreiben keine Gegensätze», sagt Grasweiler. In die Mitte schreibt er:

People   Planet

Sustainability

ʌ Profit

Grasweiler dreht sich zum Publikum. Es folgt eine rhetorische Pause. Und ein kleines Konzern-Wunder. In der ersten Reihe verschwindet der letzte Blackberry in der Innentasche. Grasweiler fragt:

«Wollen wir weiter Teil des Problems sein? Oder Teil der Lösung?»

Die nächsten 15 Minuten sind TED-Talk pur. Er beginnt mit einem kleinen Jungen in einem Schweizer Wald. Der Junge heißt Beat. Der Großvater erklärt Beat, warum ein Förster immer nur so viele Bäume schlagen darf wie nachwachsen. Wie der Jugendliche Beat mit Wut im Bauch als Greenpeace-Aktivist den (oder das?) Primat der Ökologie erkämpfen wollte. Wie ein Student in

St. Gallen namens Beat Grasweiler im ersten Semester VWL auf den Bericht des Club of Rome stieß und ihn die Frage nicht mehr losließ, wie wir die Grenzen des Wachstums unter den Bedingungen der Globalisierung respektieren können. Oder anders formuliert: Wie wir die Entgrenzung des Wachstums hinbekommen. Wenn wir Ökologie, Soziales und Ökonomie, also die drei Dimensionen der Nachhaltigkeit, endlich zusammendenken. Was ja, bildlich gesprochen, so etwas wie die Verkreisung des Dreiecks sei, wenn wir wüssten, was er meint. Als Young Global Leader des World Economic Forum habe der Assistenz-Professor Grasweiler dann endgültig verstanden:

«Der Appell zum Konsumverzicht ist keine Lösung des Nachhaltigkeitsproblems. Denn der kommt, global gesehen, der Haltung gleich: Ihr braucht nichts. Ich habe schon alles.»

Im CCS ist es mucksmäuschenstill. Der neue CSO dreht sich zum Flipchart. Der Stift quietscht auf dem Papier.

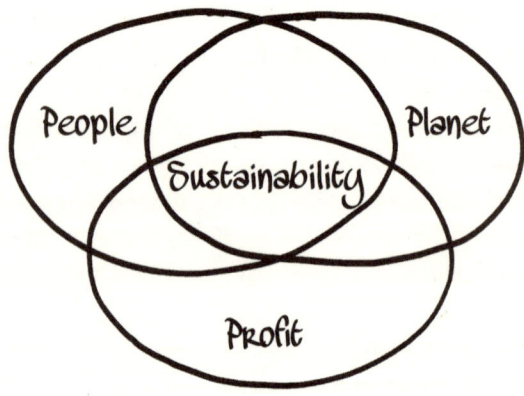

Drei Kreise. Eine Schnittmenge. Die letzten Minuten des Vortrags werden für Grasweiler zum Homerun.

«Es ist die Aufgabe unserer Management-Generation, die

Wunden zu heilen, die der Kapitalismus geschlagen hat. Mit den Mitteln der Marktwirtschaft, wohlgemerkt. Aber einer Marktwirtschaft, die nicht so tut, als ob wir die Ressourcen von drei Erden noch in petto hätten.

Wir müssen und können intelligent wachsen. Mehr Produkte mit weniger Ressourcen herstellen. CO_2-neutral produzieren. Nicht nur bei uns für gute Arbeitsbedingungen sorgen, sondern auch unsere Zulieferer auf sie verpflichten.»

Er macht wieder eine Pause. Und zieht einen großen Kreis um die drei kleinen. Dreht sich vom Flipchart wieder zum Publikum.

«Wir müssen die Prinzipien der Marktwirtschaft nur konsequent in der holistischen Perspektive von People, Planet und Profit anwenden. Das geht nur mit einem Multi-Stakeholder-Ansatz. Als Unternehmen müssen wir den Dialog mit allen Interessengruppen suchen und führen, die von unserer Form der Wertschöpfung berührt sind. Dann, und nur dann, werden wir einen Weg finden, langfristig profitabel zu wachsen. Und dieses Wachstum wird dann nicht auf Kosten von anderen gehen, sondern zum Vorteil aller sein.»

Beat Grasweiler tritt an den Bühnenrand. Er steht da. Er schaut jeden in der ersten Reihe kurz an. Jeden. Das dauert eine halbe Ewigkeit. Every German is a teacher or a preacher, denke ich. Schweizer waren schon immer die besseren Deutschen. Oder genauer: Schweizer sind wie Schwaben, nur schlimmer. Dann ist die halbe Ewigkeit vorbei. Und Zeit für die Schlusspointe:

«Oder in einem Satz: Wir müssen mehr Nachhaltigkeit wagen. Warum ausgerechnet ich Ihnen das sage?

Weil Sie und ich Teil der Lösung sein wollen. Und nicht des Problems.»

Stille. Dann Applaus. Ein Applaus, wie ihn der Konzern noch nicht erlebt hat. Mir ist kalt. Julia ist heiß. Wir applaudieren, wie wir noch nie im Konzern applaudiert haben. Denn wir spüren: Da ist jemand aufgetaucht, aus dem Nichts, der weiß, dass aus falsch nicht richtig wird, nur weil man über die Hebel der Skalierung verfügt. Sondern dass das Übel leider mitskaliert. Und der das sehr laut sagt. Und alle klatschen, bis ihnen die Hände wehtun.

Im Foyer des CCS, das zugleich ein Showroom für die Nachhaltigkeits-Aktivitäten unseres Konzerns ist, gibt es dann an Stehtischen Bio-Brezeln mit Bio-Butter und Fairtrade-Kaffee von Coffee-Circle. Julia, Daniel, Sebastian und ich stehen zusammen.

«Puh», sagt Julia.

«Puh! Aber gut», sagt Sebastian. Ich nicke. Mit mehr Überzeugung, als ich es mir im Konzern je hätte vorstellen können.

Daniel hat den Blackberry aus der Innentasche seines Sakkos geholt und scrollt seine E-Mails durch.

Wir essen Brezeln und sagen nichts. An den Nachbartischen wird hingegen heftig debattiert.

Links von uns stehen die Kollegen von Market Research & Forecast, mit denen wir in den kommenden Wochen noch intensiv zusammenarbeiten sollen. Ich freue mich drauf, denn laut Julia, die das Team aus früheren Projekten kennt, sind viele von ihnen helle Köpfe. Sie diskutieren gerade ein paar interessante Fragen. Zum Beispiel: warum bei Verbraucherumfragen mehr als 25 Prozent aller Kunden im Lebensmittel-Einzelhandel angeben, dass sie regelmäßig Fairtrade-Produkte kaufen. Dass bei den üblichen Variablen der Selbststilisierung im eigenen Konsumverhalten davon auszugehen sei, dass dies dann für rund die Hälfte von ihnen auch tatsächlich zutrifft. Das tatsächliche Volumen von Fairtrade-Produkten am Handelsvolumen aber unter einem halben Prozent liegt. Und selbst in Produktkategorien, wo es ein relativ breites Angebot gibt, wie zum Beispiel Schokolade, ein Prozent Marktanteil schon als Erfolg gelte. Auf die Schnelle finden die Kollegen keine Antwort. Ebenfalls passen müssen sie bei der Frage: Warum hacken Medien eigentlich immer mit besonderer Aggression auf Unternehmen rum, die sich bei Umwelt- und Sozialstandards ernsthaft bemühen, denen dann aber ein kleiner Fehler unterläuft? Nach ein paar Schleifen dominieren doch erkennbar Zweifel an der These, dass wir mit Shopping die Welt verbessern können. Zumindest wenn die Masse der Verbraucher so konsequent inkonsequent bleibe.

Eigentlich müssten wir zum Tisch rechts von uns wechseln. Da steht der neue CSO zusammen mit Dr. Meyerbeer, dem E1er Produktion, Siggi Schröder und unserem Leiter Externe Kommunikation, Stefan Radtke. Eigentlich wäre noch genug Platz am Tisch. Wir trauen uns nicht, aufzurücken.

Inhaltlich sind alle voll und ganz bei Grasweiler. Zumindest im Allgemeinen.

Radtke: «Alles muss sich ändern, damit alles bleiben kann, wie es ist.»

Dr. Meyerbeer: «Wir wollen ja alle morgens noch in den Spiegel schauen können.»

Schröder: «Das sind wir künftigen Generationen schuldig.»

Grasweiler: «Wichtig wäre allerdings, dass wir Nachhaltigkeit endlich messbar machen.»

Radtke: «Da bin ich voll und ganz bei Ihnen. Aber in meiner Wahrnehmung ist Nachhaltigkeit vor allem eine Frage der Kommunikation. In der Sache machen wir das alles ja schon seit langem.»

Dr. Meyerbeer: «Unsere Nachhaltigkeits-Kampagne ‹Voraus denken› hat laut Reichweitenmessung mehr als 70 Prozent unserer Kernzielgruppen erreicht.»

Schröder: «Wir kommen bei den CO_2-Einsparungen etwas schneller voran als die Mitbewerber. Zumindest bei unserem

Werk in Bayern. Wobei ich es schon richtig finde, noch einmal die Frage aufzuwerfen, ob der Klimawandel, wenn es ihn denn tatsächlich geben sollte, auch tatsächlich vom Menschen verursacht ist.»

Grasweiler sieht in diesem Moment nicht aus, als mache ihm Praxisbezug mehr Freude als akademisches Querdenken.

«Ich habe es eben auf der Bühne nicht ganz so deutlich gesagt, aber ich fürchte, wir sind, was harte Kennziffern angeht, noch nicht ganz da, wo wir sein sollten», stellt er diplomatisch fest.

Radtke: «Unser Nachhaltigkeitsbericht hat in den letzten fünf Jahren vier Mal einen Best-of-Corporate-Publishing-Award gewonnen.»

Meyerbeer: «72 Prozent unserer Produkte haben ein Umweltsiegel. 61 Prozent zwei. Im Marketing ist das für uns nachweislich von hohem Wert.»

Schröder: «In der Produktion hatten wir nie Probleme, Schadstoff-Grenzwerte einzuhalten. Zumindest nicht bei unseren deutschen Werken. Und Ihr Vorgänger ist sich ziemlich sicher, dass sich auch im Umweltbundesamt die Erkenntnis durchsetzt, dass beim Wasserverbrauch langsam das Ende der Fahnenstange erreicht ist.»

Grasweiler schaut auf die leeren Stuhlreihen zwischen den Heizpilzen. Jan-Phillip stößt von hinten hinzu. Er schüttelt dem CSO die Hand. Überschwänglich.

Wendenschloss: «Vielen Dank für den tollen Vortrag. Darf ich eine Anmerkung machen?

Grasweiler: «Klar. Sie auch.»

Wendenschloss: «In meiner Wahrnehmung krankt die interne Nachhaltigkeitsdebatte daran, dass es bislang nicht gelungen ist, einen internen Business-Case aufzumachen. Wenn es konkret wird, bedeutet Nachhaltigkeit für Mitarbeiter zunächst einmal mehr Arbeit und mehr Fehlerquellen. Gleichzeitig ist unklar, wo ihr Benefit liegt. Die Frage ist also: Wie bekommen wir mehr Buy-in. Echten Buy-in, meine ich.»

Grasweiler nickt. Mehrfach. Und geht.

Wendenschloss schaut verblüfft in die Runde: «Habe ich was Falsches gesagt?»

«Ich weiß nicht. Ich bin da ganz bei Ihnen», sagt Dr. Meyer-beer.

«Ich auch», sagt Radtke.

Schröder zuckt mit den Schultern. «Ich auch.»

Im Hintergrund fangen die Kollegen des Facility Managements an, die Heizpilze rauszurollen.

Daniel steckt seinen Blackberry ein.

Er sagt: «Wisst ihr, was ich mich die ganze Zeit frage? Ob Teenager heute immer noch so wenig Sex haben wie wir früher.»

POOR DOGS –
Der CFO und die Portfolio-Matrix

Wir wissen nicht genau, ob es so war. Aber von Leuten aus dem Umfeld des Betriebsrats wird die Sache so geschildert: Vorstandssitzung. Der CEO hat nur einen einzigen Punkt auf die Tagesordnung gesetzt: die schleppende Restrukturierung. Hanns Kaiser sitzt wie immer am Kopfende des Tisches. Der Betriebsratsvorsitzende, Herbert Günther, ein kleiner, drahtiger Mann, darf heute auch dabei sein. Zum ersten Mal in der Geschichte unseres Konzerns. «Besondere Situationen erfordern besondere Maßnahmen», hat Kaiser im Vorfeld verlauten lassen. Der Vorstand wolle ein höchstmögliches Maß an Transparenz schaffen, wozu harte Einschnitte unumgänglich seien. Günther geht einmal um den Tisch herum und schüttelt allen Vorständen die Hand. Er setzt sich an das andere Ende des Tisches. Und schaut zum CEO.

Kaiser nimmt ein leeres Glas und stellt es vor sich. Er greift eine der Flaschen, dreht den Schraubverschluss auf und gießt sich Wasser ein. Und gießt. Und gießt. Und gießt. Dabei schaut er nicht auf das Glas, sondern Günther in die Augen. Das Wasser läuft über den Rand des Glases. Bis die Flasche leer ist. Auf dem dunklen Holztisch hat sich eine quadratmetergroße Pfütze gebildet. Hanns Kaiser zeigt auf sie. Und sagt:

«Das sind die Mitarbeiter an den Standorten Mühlheim und Ditzingen. Überflüssig.» Dabei verzieht er keine Miene.

Herbert Günther sieht aus, als halte ihm jemand ein Messer an die Kehle. Keiner sagt etwas. Kaiser holt sie dann alle aus der Schockstarre. Er lächelt milde. Er nimmt einen Stapel Papierservietten. Der Stapel macht einen guten Job beim Aufsaugen der Pfütze. Kaiser schaut zu, sammelt in Seelenruhe die Servietten ein, wischt mit frischen noch einmal über die Fläche und entsorgt den nassen Klumpen im Mülleimer hinter sich. Plötzlich hat er gute Laune.

«Bitte entschuldigen Sie, meine Herren, dass ich zu einer etwas drastischen Verbildlichung von Sachzusammenhängen neige. Auch im Kontext von Human Ressources Planning. Aber mir ist wichtig, dass wir ein geteiltes Verständnis von der Lage entwickeln, in der wir uns befinden. Wir müssen bei den Fix Costs deutlich flexibler werden. Mit deutlich meine ich sehr deutlich. Sonst wird der Restrukturierungsprozess, den wir gerade mit Unterstützung der Kollegen von McKinsey durchführen, seine gewünschte Wirkung verfehlen.»

Jetzt sieht Herbert Günther aus, als halte ihm neben dem Messer am Hals noch jemand zusätzlich einen Revolver an den Kopf.

«Mit Restrukturierung meinen Sie was genau? Außer Entlassungen? Den Verkauf von Unternehmensteilen?», fragt der Gewerkschafter.

Kaiser lächelt ungerührt. Als habe er die Frage gar nicht gehört, bittet er den Finanzvorstand, wie abgestimmt, den Stand der Dinge unter besonderer Berücksichtigung des Cashflows zu rekapitulieren. Unser Finanzvorstand, CFO Henning von Lintfort, hat ebenfalls gute Laune. Was eigentlich erstaunlich ist, wenn man den aktuellen Cashflow der Konzern AG berücksichtigt. Er sagt:

«Machen wir uns nichts vor. Der alte Vorstand hat uns in eine strategische Krise manövriert. Aus der wurde eine Ertragskrise. Nun stehen wir am Rande der Liquiditätskrise.»

Henning von Lintfort hat im Konzern einen ambivalenten Ruf. Die einen halten ihn für einen analytischen Überflieger. Er ist erst 43. Studiert hat er an einer dieser sauteuren Business Schools. Koblenz, glaube ich. Nach seinem Abitur auf einer sauteuren Privatschule, versteht sich. Mit 23 war er Vorstandsassi im Konzern. Im Unterschied zu Daniel bekam er gute Bewertungen. Und direkt eine E3-Stabsstelle in der Zentralabteilung Strategy & Business Development. Dann führte er irgendwelche Auslandsgesellschaften und kam als Strategiechef zurück. Das war, als Kaiser noch selbst Finanzvorstand war. Der zog ihn dann vor einem Jahr in den Vorstand nach, als er CEO wurde. Für die anderen ist von Lintfort der Typ, der immer das gleiche Essen bestellt wie sein Chef.

«Wenn Sie erlauben, meine Herren, und wie mit Hanns Kaiser abgesprochen, würde ich gerne mit der strategischen Krise beginnen.»

Er steht auf, schließt den oberen Knopf seines Sakkos, geht zum Flipchart und malt zwei Achsen darauf. An die X-Achse schreibt er Cash-Verbrauch, an die Y-Achse Cash-Erzeugung.

«Sie alle wissen, was ich jetzt fragen werde.»

Alle Vorstände schauen, als ob es so wäre.

«Was sind wir? Arme Hunde oder Cash-Kühe, Fragezeichen oder Stars?»

Herbert Günther schaut, als ob er zumindest wüsste, in welche Kategorie er sich selbst einsortieren würde.

«Natürlich wissen Sie alle, was jetzt kommt», sagt von Lintfort.

Die Vorstände nicken, als ob es so wäre.

«Sie alle wissen, dass positiver Cashflow wichtiger ist als unsere abgeschriebenen Verluste der letzten Jahre.»

Der CFO teilt sein Schaubild mit einem Kreuz in vier gleich große Felder.

«Sie erinnern sich an die BCG-Matrix.»

«Ich erinnere mich an die Entlassungswelle vor vier Jahren, nachdem BCG im Haus war», sagt Günther.

Die Runde schaut geschockt zum Betriebsratsvorsitzenden.

«Bitte bringen Sie keine unnötige Schärfe in die Diskussion», schreitet Kaiser ein. «Wir sind schließlich noch bei der Analyse.»

Der CFO malt links unten einen Hund, rechts unten eine Kuh, rechts oben einen Stern, links oben drei Fragezeichen.

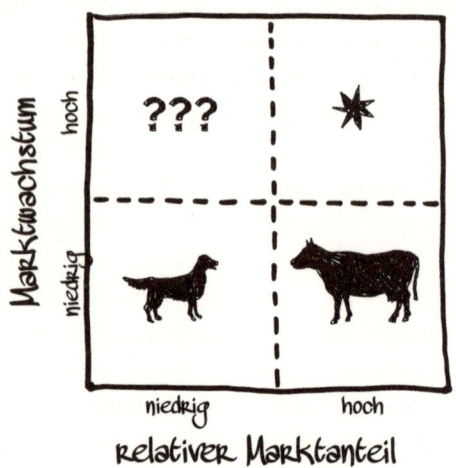

Er legt den Stift auf die Ablage des Flipcharts und dann die flache Hand auf den Stern.

«Großes Wachstum, große Gewinne. Da waren wir mal. Da wollen wir wieder hin.»

«Go big or go home», sagt Hanns Kaiser nachdenklich.

«Kodak, AEG, Dresdner Bank, das waren alle mal Stars», sagt von Lintfort. «Wir wissen, wie sie endeten.»

«Arme Hunde», sagt der CEO. «Who is next?»

«Wir sind nicht Nokia», sagt von Lintfort. «Wenn wir auf unser Produktportfolio schauen, haben wir immerhin noch einige Cash-Kühe.»

«Melken wir sie richtig?»

«Da gibt es noch Raum für Verbesserung, aber es gibt bislang keinen Grund, die Cash-Cows zu schlachten», sagt der CFO. «Unser eigentliches Problem steckt in der linken Dimension.»

Seine Hand fährt vom Hund hoch zu den Fragezeichen.

«Wir werden einige Hunde einschläfern müssen. Das würde uns die finanziellen Freiräume schaffen, um aus den Fragezeichen neue Stars zu machen!»

«Was verstehen Sie unter armen Hunden, was unter Fragezeichen?», fragt Herbert Günther.

«Poor dogs kosten uns Geld. Sinkender Marktanteil, sinkende Marge. Fragezeichen sind potenzielle Stars. Großes Wachstum, noch geringer Marktanteil. Unsere Seller von morgen, die, wenn sie keine Seller werden, uns als künftige Hunde viel Geld kosten werden.»

Die Vorstände nicken, als ob sie das bereits gewusst hätten.

«Das ist logisch. Ich meinte konkret», sagt Günther.

Von Lintforts Hand fährt wieder runter auf den Hund.

«Unsere FMCG-Sparten aus Mühlheim und Ditzingen. In Ungarn könnten wir die Linien deutlich günstiger produzieren.»

Und wieder rauf zu den Fragezeichen.

«Wir haben davon zu wenige. Aber unser größter Hoffnungswert ist das Produkt, das Dr. Meyerbeer und sein Team in spätestens drei Monaten auf den Markt bringen werden.»

«Sie kennen den Entwicklungsstand?», fragt der Betriebsratsvorsitzende. «Ich war kürzlich mit Herrn Wendlig aus der Produktentwicklung essen.»

«Nicht ablenken», geht der CEO dazwischen. «Wir machen hier Strategie und wollen uns nicht in technischen Details verlieren.»

Kaiser gibt seinem CFO ein Zeichen, dass er sich wieder hinsetzen soll.

«Kommen wir zu den Schlussfolgerungen.»

Kaiser steht auf und geht selbst zum Flipchart. Sein Blick macht die Runde und landet bei Herbert Günther.

«Wir werden uns alle einig sein: Poor dogs sind keine Option. Nicht für unsere Company. Nicht unter meiner Führung. Wir müssen bei der Restrukturierung endlich Zug reinbekommen.»

Sein Blick kreist wieder einmal um den Konferenztisch.

«Wir alle wissen, Restrukturierung ist eine Daueraufgabe. Restrukturierung funktioniert nur bei vollem Top-Management-Commitment. Unser Konzept muss ganzheitlich sein. Wir müssen schneller implementieren und die Projekte intensiver controllen.»

Sein Blick hat die Runde gemacht und erreicht wieder Günther.

«Aber vor allem müssen wir unsere Ziele und Fortschritte klarer kommunizieren.»

Er nimmt einen roten Edding. Und macht ein großes, rotes Kreuz über dem Hund. Dann blättert er die Portfolio-Matrix mit großer Geste um. Auf dem Blatt dahinter erscheinen, in der Schrift von Lintfort, fünf Bullets:

- Mehr Vertriebsinitiativen
- Konsequente Effizienzsteigerung
- Adjustierung des Geschäftsmodells
- Besseres Liquiditätsmanagement

Und ganz unten:

- Radikale Kostenflexibilisierung

Um den letzten Bullet macht er einen roten Kreis.

«Zur Verbesserung der Liquidität müssen wir Kosten radikal

flexibilisieren, und dafür ist die Freisetzung von Mitarbeitern an den Standorten Mühlheim und Ditzingen am Ende des Tages leider alternativlos», sagt der CEO.

«Zumindest bei der klaren Kommunikation der Ziele kommen wir voran», bemerkt Günther ironisch.

«Einschnitte tun weh, aber wir operieren sozusagen am offenen Herzen», sagt der CFO.

«Hunde, wollt ihr ewig wachsen?», fragt Günther, steht auf und geht. Grußlos.

Zum ersten Mal meldet sich unser Arbeitsdirektor Dr. Richard Semmling zu Wort: «Ich bin nicht sicher, ob wir das Buy-in der Belegschaft schon haben.»

«Am Ende des Tages entscheidet der Cashflow, ob wir wieder zum Star werden», sagt Henning von Lintfort.

«Die Herren, wir werden die poor dogs einschläfern. Ich zähle dabei auf volles Management-Commitment», sagt Hanns Kaiser.

Alle nicken, als ob sie es ernst meinen.

Der CEO greift wieder zur Wasserflasche. Und stellt sie missmutig hin.

«Nichts mehr drin!»

PM FORECAST RELIABILITY –
Einschränkender Hinweis an die Aktionäre

Julia lacht und lacht und lacht.
   «Ich will auch lachen», sage ich.
   «Ich weiß», antwortet sie. «Deshalb habe ich es dir ausgedruckt.»

**Pressemitteilung der Konzern AG in Ergänzung zur
PM vorläufige Kennzahlen für das Geschäftsjahr 2013**

Der Kennzahlen-Report Q1 bis Q3 des laufenden Geschäftsjahres enthält unter anderem gewisse vorausschauende Aussagen und Informationen über zukünftige Entwicklungen, die auf Überzeugungen des Managements der Konzern AG sowie auf Annahmen und Informationen beruhen, die der Konzern AG gegenwärtig zur Verfügung stehen.

Sofern in diesen Unterlagen die Begriffe «erwarten», «einschätzen», «annehmen», «beabsichtigen», «planen», «sollten» und «projizieren» oder ähnliche Ausdrücke benutzt werden, sollen sie vorausschauende Aussagen kennzeichnen, die insoweit gewissen Unsicherheitsfaktoren unterworfen sind. Viele Faktoren können dazu beitragen, dass die tatsächlichen Ergebnisse der Konzern AG sich wesentlich von den Zukunftsprognosen unterscheiden, die in solchen vorausschauenden Aussagen ihren Niederschlag finden, wie zum Beispiel Veränderungen der allgemeinen Wirtschaftsbedingungen, insbesondere einer möglichen wirtschaftlichen Rezession in Europa oder Nordamerika; Veränderungen der Wechselkurse und Zinssätze; die Produkteinführung von Wettbewerbern; eine mangelnde Kundenakzeptanz bezüglich neuer Produkte oder Dienstleistungen, einschließlich eines wachsenden Wettbewerbsdrucks, unter anderem durch Rabatte; Änderungen bei der geplanten Restrukturierung unser Tochtergesellschaften in Asien hinsichtlich der vorgesehenen Zeit und der vorgesehenen Ergebnisse, insbesondere bezüglich geplanter Ertragssteigerungen, Leistungssteigerungen und Kostenreduzierungen; die erfolgreiche Umsetzung des Restrukturierungsplans sowie ein Rückgang der Wiederverkaufspreise von Produktionsgütern in b2b-Märkten.

Sollte einer dieser Unsicherheitsfaktoren oder andere Unwägbarkeiten eintreten oder sich die den Aussagen zugrunde liegenden Annahmen als unrichtig herausstellen, könnten die Ergebnisse wesentlich von den abgegebenen Erklärungen abweichen. Die Konzern AG beabsichtigt nicht, solche vorausschauenden Aussagen und Informationen laufend zu aktualisieren, und übernimmt auch keine diesbezügliche Verpflichtung. Die vorausschauenden Aussagen und Informationen gehen von den Umständen am Tag ihrer Veröffentlichung aus.

Please consider the environment before printing this press release!»

ORGANIZATION MEN –
Hoch identifizierte Hochleister

Verdammte Hacke. Claudia und Mathias vom Coaching Center Frankfurt sind zurück. Für einen ganzen Tag, versteht sich. Wir wollen gemeinsam erkunden, wie stark wir uns mit dem eigenen Unternehmen identifizieren. Und wie Identifikation mit Leistungsbereitschaft und Leistungsfähigkeit zusammenhängen. So hat es Jan-Phillip zumindest auf die Workshop-Agenda geschrieben. Als ob wir zurzeit nichts Besseres zu tun hätten.

Wir haben jetzt Ende April. Nach meiner Einschätzung sind wir beim Produkt mindestens zwei Monate im Verzug. Immerhin gibt es einen verbesserten Prototyp. Worin die Verbesserung besteht, können wir im Marketing zwar nicht erkennen. Aber der E1er Produktentwicklung hat dem Vorstand offenkundig überzeugend dargelegt, warum eine Reduktion der Funktionsvielfalt mit an Sicherheit grenzender Wahrscheinlichkeit die Markteinführung in Abgrenzung zum Wettbewerb erheblich erschweren würde. Er hat, soweit man hört, ein PowerPoint-Massaker mit Verbraucherstudien verübt. Diese belegen angeblich eindeutig: Konsumenten wollen Funktionsvielfalt. Leider hatte unser E1er, Dr. Meyerbeer, im Gegenzug kein PowerPoint-Massaker mit Studien über die Suggestiv-Kraft von Verbraucherstudien in petto. Ich meine die Sorte Studien, mit denen Marktforschungsinstitute beauftragt werden, um die Überzeugungen von Herstellern zu bestätigen und intern vorgefertigte Positionen durchzusetzen.

Sei es drum. Dann werden wir halt behaupten, unser Produkt sei einfach zu bedienen. Sofern wir denn jemals dazu kommen, uns endlich über die Kampagne Gedanken zu machen. Wie gesagt: Verdammte Hacke! Ich habe gerade ein Déjà-vu mit dem MBTI-Test. Wieder ein Montagmorgen. Wieder kleiner Konfi in der Vierten. Wieder keine Fenster, aber immer noch das Surren der Deckenlampen.

Jan-Phillip hat «die liebe Claudia» gerade zur Begrüßung umarmt. Sie hat immer noch ein rundes Gesicht. Vielleicht noch runder als beim letzten Mal? Sie trägt wieder einen grauen Anzug mit weißer Bluse. Immerhin: keine Brosche! Mathias macht immer noch Yoga, da bin ich sicher. Beide stehen links vom Flipchart. Jan-Phillip setzt sich, streckt beide Arme aus in Richtung Coaches.

«The stage is all yours!»

«Danke, dass wir wieder bei euch sein dürfen», sagt Claudia.

Dafür wäre ich auch dankbar. Zumindest bei 9200 Euro pro Workshop-Tag zuzüglich Umsatzsteuer und Reisekosten.

«Mit welchem Warm-up werden sie uns diesmal quälen?», flüstert Julia.

«Ich schlage vor, wir spielen *Sales. Du.* Nur mit *Fuck. Off*», flüstere ich zurück.

«Unreine Gedanken machen unglücklich», flüstert Julia.

«Fuck off!»

«Wir machen heute kein Warm-up», sagt Claudia. Es geschehen noch Zeichen und Wunder. «Denn heute dürft ihr erst einmal im Lean-back-Modus ein wenig Input konsumieren.»

Julia lehnt sich umgehend nach vorne. Ich kippele nach hinten und verliere fast das Gleichgewicht. Unser Team-Coach findet beides nicht witzig und sagt:

«Ich erzähle euch zunächst mal eine kleine Geschichte. Vor sechs Jahren, auf dem Höhepunkt der Finanzkrise, durfte ich in meiner Rolle als Coach bei einer Versammlung einer Schweizerischen Großbank dabei sein. Da waren Hunderte Führungskräfte im Raum. Bei euch wäre das so E3 aufwärts. Der CEO hatte schlechte Nachrichten, was ja bei Banken ein Synonym für schlechte Zahlen ist. Er machte keine direkten Vorwürfe, zumindest keine persönlichen. Stattdessen zählte er Punkt für Punkt auf, wo, wie und warum die Bank deutlich schlechter dasteht als die ebenfalls gebeutelte Konkurrenz.»

Claudia macht eine Kunstpause. Hat sie das von Jan-Phillip? Oder er von ihr? Sie greift mit beiden Händen nach den Revers ihres Jacketts.

«Alle diese Schweizer Banker hatten natürlich feinste Anzüge an. So wie man es sich vorstellt. Der CEO nennt eine schlechte Zahl nach der anderen. Und da beobachte ich, wie einem kleineren Teil dieser gut angezogenen Banker Tränen in die Augen schießen. Und wie sie wie kleine Jungs versuchen, ihre Enttäuschung zu verbergen.

Hat einer von euch eine Ahnung, was das mit unserer Workshop-Fragestellung zu tun hat?»

Dummerweise kann ich mich an die nicht erinnern. Ich überlege, ob ich in den Unterlagen rumblättern soll. Das wäre wohl zu auffällig. Auch die anderen schauen Claudia fragend an. Sie löst das Rätsel selbst auf.

«Das waren die hoch identifizierten Führungskräfte der Bank.»

Ich nicke halbwissend mit. Claudia fährt mit ihrer Geschichte fort.

«Der größere Teil der Manager nahm die Nachrichten jedoch unbeteiligt zur Kenntnis. Viele lasen ihre E-Mails. Das waren die Nicht-Identifizierten.»

«Achtung Fangfrage!», springt Mathias, der Mann mit der Weich-Ei-Aura ein. «Wer ist hier gut? Und wer ist sozusagen böse?»

Alle sind überrascht. Keiner sagt etwas.

«Richtig», sagt Claudia lächelnd. «Zunächst einmal keiner. Zumindest nicht in Bezug auf unsere Fragestellung. Also Leistungsbereitschaft und Wert der einzelnen Führungskraft für die Organisation.»

Mathias geht ans Flipchart und malt zwei Achsen. An die vertikale schreibt er Identifikation, an die horizontale Leistung. In BCG-Logik teilt er in vier Felder. Dann beschriftet er:

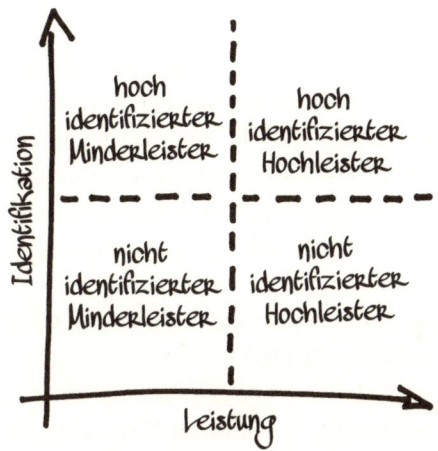

«Keine Angst. Ihr müsst euch jetzt nicht selbst zuordnen», sagt Claudia. «Zumindest nicht offen in der Gruppe.»

Ich schaue mich um. Die anderen tun das auch. Ich sortiere. Die anderen offenkundig ebenfalls. Claudia ist nicht ungeschickt bei so was. Sie beobachtet und genießt, was in unseren Köpfen vorgeht. Und genau in dem Moment, in dem das gegenseitige Auschecken peinlich werden könnte, sagt sie:

«Die Sache ist nicht so einfach, wie ihr denkt.»

Was ja im Grunde eine Unverschämtheit ist, weil sie ja nicht weiß, was wir denken. Leider hat sie recht. Was ja fast noch unverschämter ist.

«Es ist nicht zwingend so, dass rechts oben die idealen Mitarbeiter zu finden sind. Zumindest nicht ausschließlich.»

Nicht? Wusste ich es doch. Ich habe mich nur nicht getraut, es zu denken.

«Eure Corporate Culture setzt sehr stark auf das Wir-sind-eine-große-Familie-Gefühl. Das ist zumindest unsere Wahrnehmung nach vielen Gesprächen mit Führungskräften der Konzern AG. Besonders natürlich mit Jan-Phillip. Woran merkt man das?»

«Wir sprechen oft von ‹wir›, wenn wir die Firma meinen», sagt Susanne. Sie klingt nicht unstolz dabei.

Claudia nickt heftig.

«Nennen wir die hoch identifizierten Mitarbeiter mit hoher Leistungsbereitschaft doch mal We-are-family-Mitarbeiter.»

Mathias deutet einen Kreis um das Wort am Flipchart an.

«We-are-family-Mitarbeiter tun nicht nur so, als ob sie es als großes Glück empfinden, für ein bestimmtes Unternehmen zu arbeiten. Sie meinen es tatsächlich ernst.»

Was schaut Claudia mich jetzt so an? Hier scheint ein Missverständnis vorzuliegen. Ich halte die Klappe. Und höre zu.

«Der We-are-family-Mitarbeiter will Dinge voranbringen. Weil er sich als Teil des großen Ganzen fühlt. Er findet, dass es bei Aufstiegschancen und Entlohnung in dem Unternehmen fair zugeht. Und natürlich ist er von der Qualität der Produkte seiner Firma zutiefst überzeugt und wirkt nach außen als Markenbotschafter.»

«Die Helden der Arbeit», wirft Jan-Phillip ironisch ein. Ich wundere mich. Eigentlich müssten das doch seine liebsten Mitarbeiter sein. Claudia liefert die Erklärung:

«Das Problematische an We-are-familiy-Mitarbeitern ist: Sie sind oft instabile Persönlichkeiten. Denn sie suchen nach festem Grund, auf dem sie wurzeln können. Der gute Ruf der Firma wird dann Teil des Selbstwertgefühls.»

«Man kann es sozusagen auch Überidentifikation nennen», wirft Mathias ein.

Claudia gibt ihm den Ruhe-jetzt-redet-deine-Chefin-Blick.

«Richtig problematisch wird es, wenn die Firma, die ja angeblich wie eine Familie ist, irgendwann die hochgesteckten Erwartungen nicht mehr erfüllt. Sei es durch schlechte Führung. Oder durch eine Umstrukturierung. Oder weil bei einer bestimmten Hierarchiestufe dann doch Schluss für diesen Mitarbeiter ist. Dann kippt Identifikation ins Embitterment-Syndrom.»

Ah, das sind dann wohl diejenigen, die CDs mit Kundendaten an Kriminelle verchecken. Oder an die Steuerfahndung. Die im Übrigen ja auch illegal handelt, also kriminell, wenn sie das macht.

«Der Weg vom hoch identifizierten Hochleister zum verbitterten Querulanten ist oft viel kürzer, als alle Beteiligten sich das vorstellen können. Die Verbitterten sind der Albtraum jeder Führungskraft. Sie streuen Gerüchte und machen Stimmung, und zwar vor allem gegen ihren direkten Chef. Weniger gegen das Unternehmen als Ganzes, denn das widerspricht ihrem grundsätzlichen Wunsch, zu einem tollen Unternehmen zu gehören.»

Vor meinem geistigen Auge erscheint Meyerbeer. Mit dem habe ich zunehmend Probleme. Der Typ ist einfach nicht zu fassen. Ich habe lange überlegt, an wen mich seine seltsame Emotionslosigkeit erinnert. Irgendwann wusste ich es: Karl-Heinz Rummenigge. Bei Meyerbeer spürt man: Wenn es hart auf hart kommt, ist er der Letzte, der für einen von uns in die Bresche springt. Auch nicht für Jan-Phillip, glaube ich. Und das Unternehmen, je nun. Kein Wunder, dass Meyerbeer so eine steile Karriere hingelegt hat. Das sollte Claudia uns mal «spiegeln», wie sie es wohl nennen würde.

«Das Problem», fährt sie fort, «der Hochidentifizierten mit Embitterment-Syndrom ist schlicht und einfach: Sie glauben es, wenn der patriarchalisch gutmütige Vorstand in guter wirtschaftlicher Lage vom Unternehmen als großer Familie mit gemeinsamen Werten und Zielen spricht. Solange es im Konzern rund läuft, merkt der Hochidentifizierte nicht, dass die Interessen der Kapitaleigner nicht deckungsgleich mit seinen eigenen sein müssen. Kennt einer von euch das Buch *Organization Man*?»

Ich hebe die Hand. Jan-Phillip auch. Sonst keiner. Hehe.

«Es beschreibt das Leben der treu ergebenen Konzernangestellten in den USA in den fünfziger Jahren», erklärt Jan-Phillip. «Und wie sie ihr ganzes Leben auf den Konzern ausrichten, den sie auch nie wechseln.»

«Genau. Der Deal zwischen Organisation und Organisations-Mann lautet: Sicherheit gegen solide Arbeitsleistung. Ein Pakt wechselseitiger Loyalität», sagt Claudia.

«Doof, wenn eine Seite den Pakt aufkündigt», sage ich. «Das wird ja in dem Buch schon angedeutet.»

«Auch richtig. Und wer darauf keine Antwort findet, verbittert», sagt Claudia.

«Und deshalb wird der Typus der nicht-identifizierten Hochleister stark unterschätzt», springt Mathias ein.

Jan-Phillip beugt sich vor. Er stützt sich auf seine rechte Hand, den Daumen unten am Kinn, den Zeigefinger auf dem Wangenknochen.

«Nennen wir sie mal Söldner», übernimmt Claudia wieder. Sie schaut Jan-Phillip an. «Der Söldner ist ein Überflieger. Er ist gedanklich sehr flexibel. Zeitlich und örtlich sowieso. Ihm sind Geld und Größe des Dienstwagens und Business-Class-Status wichtig. Er findet es nicht schlecht, wenn das Unternehmen, für das er arbeitet, einen guten Ruf hat. Das kommt seinem narzisstischen Naturell entgegen, und diesen Reputationsgewinn nimmt er gerne mit. Aber im Grunde ist sein Ego vom Unternehmen entkoppelt.»

Claudias Blick wandert von Jan-Phillip zu Daniel.

«Der große Vorteil des Söldners aus Sicht der Unternehmensführung ist: Er erledigt seinen Job. Effizient und effektiv. Und er menschelt nicht rum. Er bringt sein Projekt voran.»

Warum schaut Claudia nicht mich an? Das bin doch ich! Sie muss mein MBTI-Profil vergessen haben.

«Er freut sich auf das nächste Zielvereinbarungsgespräch.»

Okay, Claudia, du musst doch nicht gucken.

«Weil er eine spielerische Lust verspürt, auszutesten, ob noch mehr geht. Wenn nicht, denkt er langsam über seinen Absprung nach. Change-Prozesse findet er grundsätzlich gut, denn wenn sich etwas ändert, ergeben sich für die Flexiblen immer Chancen. Der Söldner ist innerlich unabhängig. Denn er weiß ja, dass seine Überflieger-Qualitäten auch woanders gefragt sind.»

«Ich finde Söldner einen abwertenden Begriff. Können wir sie nicht eher Wandergesellen nennen?», fragt Jan-Phillip.

«Gerne», sagt Claudia.

«Was bleibt eigentlich von so einem starken Söldner-Ich übrig, wenn irgendwann die Kraft nachlässt?», fragt Susanne. «Zum Beispiel so mit Anfang vierzig. Und wenn dann auch noch eine Sinnkrise obendrauf kommt?»

«Guter Punkt, vielen Dank», sagt Claudia. «Das sind ja genau die Fragen, die ich mit euch spiegeln möchte. Möchte jemand von euch seine Gedanken dazu teilen?»

Stille.

Es gibt in Meetings ja zwei Arten von Stille. Entweder es fällt wirklich niemandem etwas Sinnstiftendes ein. Das ist eine leere Stille. Und dann gibt es noch die Art Stille, wenn alle sehr viel sagen könnten, aber sich keiner traut. Nennen wir sie sprechende Stille.

Claudia schaut wieder zu Jan-Phillip. Der sieht gerade gar

123

nicht glücklich aus. Nach leerer Stille. Susannes Stille ist gerade ziemlich gesprächig.

Daniel durchbricht das allgemeine Schweigen.

«Wir haben noch gar nicht über die nicht-identifizierten Minderleister gesprochen. Meint ihr damit eher die Unfähigen oder eher die Faulenzer?»

«Beide», sagt Claudia dankbar. Offenkundig hatte sie gerade Angst, dass bei ihrem direkten Auftraggeber gerade emotional etwas ins Rutschen geraten könnte, das für die Umsätze des Frankfurt Coaching Centers nicht gut wäre. Auch Jan-Phillip sieht wieder glücklicher aus.

«Die erste Frage bei den nicht-identifizierten Minderleistern lautet: Können die nicht? Oder wollen die nicht?»

Endlich fühlt sich mal keiner angesprochen.

Claudia geht wieder in den Vortragsmodus. Und wir in Lean-back-Haltung.

«Die Faulenzer gibt es auf allen Ebenen. Ich kenne Geschäftsführer ohne Zuständigkeiten, die auch im Traum nicht auf die Idee kämen, daran etwas zu ändern. Den Faulenzer auf Sachbearbeiter-Ebene kennen wir ja alle. Der fährt eine Doppelstrategie: ein bisschen Arbeit simulieren, was aber nicht ausufern sollte, denn auch das kann anstrengend sein. Gleichzeitig: Tarnkappe auf. Möglichst oft möglichst unsichtbar und unter dem Radar von Führungskräften bleiben. Der Faulenzer neigt nicht zur Obstruktion wie der Verbitterte. Dafür ist ihm sein Unternehmen zu egal, und er hat auch kein Interesse daran, sein warmes Plätzchen, das er sich gesichert hat, in Gefahr zu bringen. In gewisser Weise sind Faulenzer starke Persönlichkeiten. Sie brauchen für ihr Selbstwertgefühl weder die Arbeit noch ihr Unternehmen.»

Wie die Söldner, denke ich.

«Die Arbeit soll den Faulen unter den Minderleistern keinen

Sinn liefern, sondern den Lebensunterhalt sichern. Punkt. In ihrer Freizeit sind sie übrigens oft hoch identifizierte Spitzenkräfte. Zum Beispiel im Schützenverein. Oder bei World of Warcraft auf Spiel-Level 80. Der Faule kann ja, wenn er will, was ihn vom Unfähigen unterscheidet. Der glaubt, dass er etwas kann, was aber leider nicht zutrifft.»

«Und was macht die Unfähigen aus?», fragt Daniel nach.

«Der Unfähige überschätzt sich maßlos und ist gleichzeitig leider überhaupt nicht kritikfähig», fährt Claudia fort. «Auch auf gut gemeinte und in angemessenem Ton vorgetragene Anregungen, mal Dinge etwas anders zu machen, reagiert er aggressiv. Dann vergisst er sie aber auch schnell wieder nach dem Motto: Alles Idioten außer ich.»

«Denken das Vorstände nicht auch immer?», frage ich. Alle lachen. Auch Claudia.

«Darauf will ich jetzt nicht direkt eingehen. Aber psychologisch gesehen haben Unfähige aller Hierarchiestufen eine Entwicklungsbehinderung, also eine unglückliche Verbindung aus Narzissmus und der Unfähigkeit dazuzulernen.»

«Verstehe: Sie halten sich für Söldner, sind aber leider nur unfähig», sage ich. Wieder habe ich die Lacher auf meiner Seite.

Aus den Augenwinkeln sehe ich: Jan-Phillip lacht auch! Ich schaue Daniel an. Nein, ein Unfähiger ist er nicht. Das ist zu hart. Obwohl er natürlich auch jetzt wieder an seinem Blackberry rumdaddelt.

Claudia ist fertig. Jan-Phillip ist wieder ganz der Alte, also overachiever. Ob identifziert oder nicht-identifiziert, darüber diskutieren Julia und ich in unserem Büro noch lange. Und auch, warum eigentlich die entscheidende Kategorie in Claudias Matrix gar nicht vorkommt: hoch identifizierte Minderleister. Julia findet schließlich einen schönen Begriff für sie: «Glückliche Vollpfosten.»

«Sie glauben an das Unternehmen, kriegen aber nichts auf die Kette», ergänze ich.

Julia schaut noch mal hinter ihrem Bildschirm hervor. «Ich glaube ja nicht, dass es Strategie ist. Aber für die scheinen unsere Human-Ressources-Kollegen ein besonderes Händchen zu haben.»

BUY-BUTTON –
Auf der Suche nach dem Emotional Trigger

Daniel und ich haben uns an der Kaffeeinsel neben der Kantine verabredet. Die ist ganz neu. Mitarbeiter aus allen Bereichen sollen hier zufällig aufeinandertreffen, damit der Austausch zwischen den Abteilungen endlich besser wird. Ich mag die Kaffeeinsel. Endlich mal ein bisschen Google-Feeling auch bei uns. Beziehungsweise Apple. Denn unsere Kaffeeinsel ist nicht bunt, sondern sieht aus wie der erste iPod. Weiß mit runden Ecken. Klarlack. In der Mitte der Insel steht eine Theke mit Kaffeeautomat, XXL-Obstkorb und Müsliriegel satt. Drum herum steht ein Ring aus weißen Vierertischen mit weißen Holzstühlen auf Chrombeinen. Im zweiten Ring wird es dann gemütlich. Oval geformte Stellwände schirmen Sitzgruppen mit ziemlich bequemen Drehsesseln voneinander ab. Der Innenarchitekt soll sie «Kommunikations-Waben» genannt haben. Im Konzern hat sich die Bezeichnung Schlafzimmer durchgesetzt, und «Lass uns ins Schlafzimmer gehen» ist binnen kurzer Zeit zum geflügelten Wort geworden. Man sollte dann auch besser lachen, wenn das einer sagt.

Wobei ich mich, offen gesagt, ehrlich freue, dass mich Daniel gebeten hat, mit ihm zum Thema Emotional Trigger mal ein paar Gedanken zu kreuzen. In der Agentur habe ich mich damit intensiv beschäftigt, als der Ansatz noch en vogue war. Und auch Jan-Phillip fand es sehr sinnvoll, dass Daniel mich diesbezüglich «als Wissens-Ressource anzapft», wie er sagte.

«Latte oder Cappu?», fragt Daniel. Er steht an dem Kaffeeautomaten-Monster aus gebürstetem Stahl. Latte macchiato kostet

60 Cent, Cappuccino 40. Ich denke kurz darüber nach, was wohl hundert Milliliter Milch kosten und was die Logik unseres Food-and-Beverage-Managers hinter dieser Preisgestaltung ist. Und ob es sinnvoll ist, bei gleicher Menge der wirkenden Substanz, in diesem Fall Koffein, in Verbindung mit einem relativ günstigen Streckmittel, hier Milch, den Preis um ein Drittel zu erhöhen. Und bei welchen Kundensegmenten damit welche Preispunkte unter- beziehungsweise überschritten werden. Dann fällt mir auf, dass meine Logik nicht aufgeht, da bei einem Kaffee-Milch-Mischgetränk das Streckmittel im Einkauf teurer ist als die wirkende Substanz. Und dass meine Überlegung auch deshalb keinen Sinn ergibt, weil wir es ja hier sehr offenkundig mit einem Fall von Subventionslogik zu tun haben, die ja immer unlogisch ist. Außerdem: Bei Google und Apple kostet der Kaffee mit Sicherheit gar nichts! Und warum sind bei uns Müsliriegel dann trotzdem kostenlos? Unlogisch!

Daniel hält seine RFID-Chipkarte an das Lesefeld und schaut mich weiter fragend an. «Sag schon. Was magst du? Geht auf mich.»

Eigentlich mag ich lieber Latte. Das erscheint mir in diesem Moment aber zu mädchenhaft.

«Doppelter Espresso, bitte.»

«Gerne.»

Daniel zapft sich einen Cappuccino, stellt seine und meine Tasse auf passende Untertassen. Ich nehme drei Zuckertütchen und zwei Kaffeelöffel. Wir gehen in ein Schlafzimmer und setzen uns auf zwei der neuen Sessel.

Ich bin froh, dass ich sitze. Auf dem Weg zur Arbeit bin ich beim Ausscheren vom zugeparkten Fahrradstreifen diesmal zwar nicht von einem Taxifahrer über den Haufen gefahren worden. Dafür bin ich bei perfektem Fahrradwetter fast gegen die massive Fahrertür eines weißen VW Touareg gedonnert, die eine durchaus attraktive Frau unvermittelt aufgerissen hat. Und zwar weil ich in dem Moment aus Angst vor Taxifahrern nach hinten geschaut habe. Seitdem bin ich sehr wach. Ich nippe dennoch an meinem Espresso, den Daniel in gespielter Italiener-Geste vor mich gestellt hat.

«Hey, wie kann ich dich unterstützen?», frage ich ihn möglichst beiläufig.

Er schüttet zwei Zuckertüten in den Cappuccino, rührt um und schaut auf den kreisenden Schaum. «Ich müsste mehr über emotionale Steuerung von Kaufentscheidungen wissen. Also wie wir den Buy-Button über Emotional Trigger drücken können.»

Mist, mein Kaffeelöffel passt nicht in die Espresso-Tasse. So etwas hasse ich. «Moment bitte.» Ich stehe auf, gehe zurück zur Mitte der Insel. Keine Löffel für Espresso-Tassen. Arrgh!

Ich greife zu zwei Müsli-Riegeln. Schokolade, nicht Waldfrucht! Zurück im Sessel, drehe ich den Löffel und rühre mit dem Stiel um. Der Kaffee-Automat heißt Barista Deluxe Crema III, aber Crema kann der nicht. Noch mal arrgh!

«Emotional Trigger im Produkt oder in der Kampagne?», frage ich.

«Im Idealfall hat das eine mit dem anderen ja was zu tun.»

Super. Erst will Daniel etwas wissen. Jetzt belehrt er mich. Danke. Dummerweise hat er auch noch recht. Ich nehme mich zusammen.

«Das stimmt natürlich. Die entscheidende Frage lautet aber: Wo und wann greifen wir den Kopf des Kunden an? Und wo und wann sein Herz? Und vor allem wie? Da hilft es dann eben sehr, wenn wir uns die fünf großen Emotional Trigger in Erinnerung rufen.» Daniel schaut mich fragend an.

«Nämlich?»

Ah, Daniel hat doch keine Ahnung. So gefällt mir das Gespräch deutlich besser. Ich stelle die Espresso-Tasse auf den Tisch, lege

den zu großen Löffel auf die zu kleine Untertasse, lehne mich zurück, verschränke die Arme hinter dem Kopf.

«Liebe. Stolz. Schuld. Angst. Gier.»

Daniel ist baff. Ich bin rhetorisch am Abzug.

«Wenn es dir mit deinem Produkt gelingt, den Kunden bei
einem dieser Gefühle zu packen, dann musst du der Kampagne
nur noch einen leichten Schubs geben. Und schon verkaufst du
wie geschnitten Brot.»

Jetzt habe ich seine volle Aufmerksamkeit. Ich nehme die
Arme runter, lege die Handflächen aufeinander. Ich beuge mich
vor. Meine zehn Fingerkuppen zeigen auf seinen Bauch.

«Wir kaufen doch nichts, weil wir es dringend brauchen. Wir
kaufen, weil wir etwas unbedingt wollen.»

Wenn ich ehrlich bin: Mir gefällt meine Rolle als Erklärer. Ich
sage: «Kennst du Zig Ziglar?»

«Nein. Der Name hört sich an wie erfunden.»

«Ist er aber nicht. Von den aktuellen Marketing-Gurus ist er
aus meiner Sicht der schlauste. Von Ziglar stammt der Satz:
People buy on emotion and than they justify with logic.»

Der Satz hört sich nach E2 an, denke ich. Selbst als Zitat. Vielleicht war ich immer viel zu kritisch in Bezug auf eine Konzern-
karriere. Im Unternehmen gibt es ganz klar einen Bedarf, Marketing & Sales mal auf den Stand der Zeit zu bringen. Das müsste
eigentlich auch der Vorstand spüren. Ausgenommen der Mar-
keting- und Vertriebsvorstand, meine ich. Und vielleicht sollte
ich auch endlich aufhören, Daniel als Konkurrenten zu sehen,
sondern lieber versuchen, eine Seilschaft mit ihm zu bilden.

«Aber Don Draper kennst du?»

«Auch ein Marketing-Guru?»

«Ja. Allerdings ein erfundener. Das ist der Werber aus *Mad
Men*. Diese Serie über eine Agentur in New York in den Sechzi-
gern.»

Jetzt schaue ich verblüfft. Die muss er kennen. Sonst wird das nix mit der Seilschaft. Das scheint er zu spüren.

«Ah. Jetzt. Ja!», sagt Daniel.

Meine Fingerkuppen zeigen immer noch auf ihn. Ich beuge mich noch ein Stück vor. Die Ellenbogen auf meine Knie gestützt.

«Gleich in der ersten Staffel gibt es diese Szene. Die ist wohl historisch verbürgt. Also nicht mit Draper natürlich. Egal. Also Drapers Agentur arbeitet für Kodak. Er soll eine Kampagne für einen neuen Dia-Projektor konzipieren, und zwar einen mit einem runden Magazin. Der Fortschritt bei dem Ding war, dass sich das Magazin nicht mehr so oft verklemmt. Kodak nennt den Projektor ‹The Wheel› und will ihn als technische Innovation positionieren. Die Jungs aus der Agentur und die Marketingverantwortlichen von Kodak sitzen in einem abgedunkelten Raum. Draper sagt, dass es natürlich immer gut ist, ein Produkt als neu zu positionieren. Aber dass Nostalgie im Marketing viel mächtiger sei. Dass Nostalgie im Griechischen wörtlich ‹der Schmerz einer alten Wunde› heißt. Und dass wir mit nostalgischen Gefühlen eine viel engere Bindung zwischen Produkt und Kunden schaffen können, als wenn du einfach vermittelst: Du hast das Neueste, Beste, Größte.»

Daniel ist ganz bei mir. Ich sehe die Szene genau vor mir.

«Dann zeigt Don Draper mit diesem neuartigen Run-Magazin-Projektor alte Bilder von sich selbst und seiner Familie. Frisch verliebt. Er mit der Braut auf dem Arm. Wie seine Tochter noch ganz klein ist. Laufen lernt. Später mit dem kleinen Bruder. Wie sie glückliche Momente erleben. Und total müde alle auf dem Sofa liegen. Und am Schluss dann wieder er, mit seiner schönen jungen Frau. Alles ganz schön kitschig, aber dazu sagt er dann sinngemäß: ‹Nostalgie ist viel stärker als Erinnerung alleine, weil sie in deinem Herzen diesen Wunsch auslöst, wieder dahin zurückzukehren, wo du einmal warst.›»

Meine rechte Hand kreist wie der Projektor. Daniels Augen folgen.

«Und dann schafft er den Link zum Produkt. Dass dieser Projektor mit dem Rundmagazin den Kunden reisen lasse, wie ein Kind reist. Vor und zurück.»

Meine Hand macht kehrt. Und wieder vor.

«Und einmal rundherum. Was ja logisch ist bei einem Kreismagazin. Du kommst wieder an den Anfang zurück. Deshalb nennt Don Draper das Ding dann eben nicht ‹The Wheel›, sondern ‹The Carousel›. Auch das kannst du natürlich jetzt Kitsch nennen, aber Draper schließt mit den Worten: ‹Das Carousel bringt dich an einen Ort, an dem du schon einmal gewesen bist. An einen Ort, an dem du weißt, dass man dich liebt.›»

Irgendwie scheine ich mich etwas in Fahrt geredet zu haben. Und irgendwie ist mir auch egal, ob sich das alles kitschig anhört, was ich da erzähle. Marketing lebt schließlich vom Kitsch. Sehr oft zumindest. Daniel hört genau hin. Das merke ich.

Sein Gesichtsausdruck sendet allerdings noch eine andere Botschaft: Ich kann dir nicht ganz folgen. Er sagt es etwas höflicher:

«Und was heißt das für unser Produkt? Oder für unsere Kampagne?»

Mist. Gute Frage. Keine Ahnung. Ich bin mir plötzlich auch nicht mehr sicher, wie die genetisch codierten Gefühle Liebe, Stolz und so weiter und der Emotional Trigger noch einmal genau zusammenhängen. War der Trigger die Erinnerung im Kopf des Kunden an ein Ereignis, reaktiviert von einem bestimmten Produkt im Bauch des Kunden? Oder umgekehrt? Ich muss Zeit gewinnen. Wenn mein alter Chef in der Agentur nicht mehr weiterwusste, hat er immer gesagt:

«Lass uns das gemeinsam systematisch durchgehen.»

Sage ich auch. Ich nehme einen der Schoko-Müsli-Riegel, den

anderen schiebe ich Daniel hin. Wir reißen die Verpackung auf. Ist Hunger eigentlich ein Emotional Trigger? Oder Appetit? Bei Schokoriegeln ist das vermutlich eine Unterkategorie von Gier. Und bei Waldfrucht? Stolz? Ist Vernunft auch ein Grundgefühl? Wir beißen gleichzeitig in die verklebten Körner.

«Systematisch», sage ich bedeutungsschwer.

Dann nehme ich Daniels Block und seinen Fineliner, der vor ihm auf dem Couchtisch liegt. Ich schreibe groß: *Liebe*.

«Bezogen auf das Produkt. Was fällt uns ein?»

Wir schweigen.

«Sex sells scheidet in unserem Fall wohl aus», sagt Daniel.

Ich nicke. Wir kauen. Ich sage: «Wir verschenken an Menschen, die wir lieben. Eignet sich das Produkt als Geschenk?»

«Nicht wirklich.»

«Nee, nicht wirklich. Aber wir behalten den Pfad mal im Hinterkopf.» Ich male ein Geschenkpaket neben das Wort. So hat das mein alter Agentur-Chef auch immer gemacht und das dann Visual Thinking genannt.

Wir schweigen weiter. Ich mache einen breiten Strich unter Liebe und schreibe groß: *Stolz*.

«Gibt unser Produkt irgendjemandem Anlass, stolz zu sein?»

Wir müssen beide laut lachen. Ich streiche Stolz durch und schreibe: *Schuld*.

«Führer war alles besser», sage ich.

Den Gag habe ich gestern im Facebook-Stream von Peter Glaser gelesen, über den ich schon als Jugendlicher gelacht habe.

Daniel grinst. «Ist das jetzt Schuld oder Nostalgie?», fragt er.

Huch. Der kann ja schnell sein wie Jens. Common Ground, würde Jan-Phillip das vermutlich nennen. Aber im Ernst: Vielleicht wird das wirklich was mit der Seilschaft auf dem Weg nach oben.

Wir müssen wieder laut lachen.

«Ruhe. Wir wollen schlafen», tönt es aus der Nachbar-Denker-wabe. Die Kollegen aus der Buchhaltung. Jetzt lacht die halbe Kaffeeinsel. Mann, vielleicht habe ich hier alle unterschätzt. Ich überlege, ob ich ein Hakenkreuz neben *Schuld* male. Aus Grün-den des Visual Thinkings. Das finde ich dann aber doch ein we-nig zu steil.

Daniel und ich einigen uns darauf, dass unser Produkt nun wirklich zu harmlos ist, um Schuldgefühle auszulösen. Strich durch. Ich schreibe: *Angst.*

«Angst ist das stärkste Gefühl von allen. Alle Tiere haben es. Es entsteht in der Gehirnregion, die am dichtesten am Rücken-mark liegt. Lizzard-Brain sagt man dazu, glaube ich. Wenn du das aktivierst, sitzt du direkt am emotionalen Abzug. Im Guten wie im Schlechten.»

«Ist das nicht eher was für Hersteller von Alarmanlagen?»

«Nicht nur. Meistens geht es um das Schüren von Versagens-angst. So wie bei der Hausfrau im Ariel-Spot, bei der die Wäsche nicht sauber wird, und der ist das dann furchtbar peinlich.»

Ich zeige auf die Kaffeeflecken auf dem Polster. Wir grinsen beide.

«Und dann kommt Klementine, zeigt, wie es richtig geht, und dann hat die Frau keine Angst mehr. Gesteigert noch bei Jacobs Krönung, wo Mutti Schiss hat, dass die Kaffeetassen wieder halb voll zurück in die Küche kommen. Weil die Plörre nicht schmeckt.»

«Oder Carglass. Ein Steinchen, und das ganze Auto ist hin-über», sagt Daniel.

«Oder Versicherungen. Ich weiß gar nicht mehr, von wem das war. Aber in der Agentur hatten wir mal eine Kampagne für eine Sterbegeldversicherung gemacht. So mit gemütlichem Opa mit Halbglatze und Hornbrille, der sagt: ‹Von wegen, der Tod kostet nur das Leben.› Und dann glotzt der ganz verängstigt.»

Daniel grinst weiter.

«Dann lieber ‹Aldi informiert›.» Eigentlich sage ich das nur so daher. Doch Daniel greift es auf.

«Das Markenversprechen der Eigenmarken von Aldi ist doch: Immer sehr gute Qualität zum sehr kleinen Preis. Im Grunde ist doch die Information ein Mittel, dem Kunden die Angst vor dem Produkt zu nehmen. Ich meine die Angst vor einer falschen Kaufentscheidung. So nach dem Motto: Du brauchst keine Angst zu haben, denn eigentlich kannst du gar nichts falsch machen. Sicherheit versus Angst!»

Während er es sagt, merkt er selbst, dass sich das auf uns nicht anwenden lässt.

Ich schüttle mit dem Kopf, lehne mich im Sessel zurück. Meine Hände greifen wieder hinter meinem Kopf ineinander. Überrascht stelle ich fest, dass man auch in dieser Position prima mit dem Kopf schütteln kann.

«Nee. Wir leben nun einmal von der Behauptung, Premium zu sein. Und zwar völlig unabhängig davon, wie gut oder originell oder nutzerfreundlich unsere Produkte tatsächlich sind. Und wie gut unser Service. Beziehungsweise wie schlecht.»

«So wie Mercedes halt», sagt Daniel.

Wir nicken synchron.

Ich streiche auch *Angst* weg. Und schreibe: *Gier*.

Wir schweigen wieder lange.

«Gier von Kapitaleignern müssen wir in der Kommunikation dann wohl eher unter den Tisch fallenlassen», sage ich.

Jetzt beugt Daniel sich nach vorne. Diesmal zeigen seine Fingerkuppen auf meinen Bauch. Hat der einen Kurs in Neurolinguistischem Programmieren gemacht?

«Mit der Gier nach dem Neuen ist der Konzern immer gut gefahren.»

«Das stimmt. Ein neues Produkt ist ein neues Produkt. Das

brauche ich nicht. Das will ich», antworte ich, der Fachmann für Emotional Trigger. Ich denke kurz darüber nach, wie die Gier nach dem Neuen mit dem Wort Neugier zusammenhängt. Und ob wir das in der Kampagne irgendwie nutzen können.

«Neu hat schon so oft funktioniert», sagt Daniel. «Warum sollte es diesmal nicht klappen?» Er wirkt ganz stolz ob seiner Idee. «McDonald's macht in Liebe mit ‹Ich liebe es›. Wir aktivieren die Gier über den Umweg der Neugier», legt er nach. Der hat auch noch einen Kurs im Gedankenlesen gemacht!

Daniel greift sich Block und Fineliner. Neben das Wort *Gier* malt er einen Stern und schreibt *jetzt neu* rein.

«Ich habe Angst, dass uns das als zu wenig innovativ ausgelegt wird», sage ich vorsichtig.

«Nicht unsere Schuld, wenn das Produkt keine anderen Emotional Trigger zieht», wendet Daniel ein.

Auch wieder wahr. Ich sage: «Gier gewinnt!»

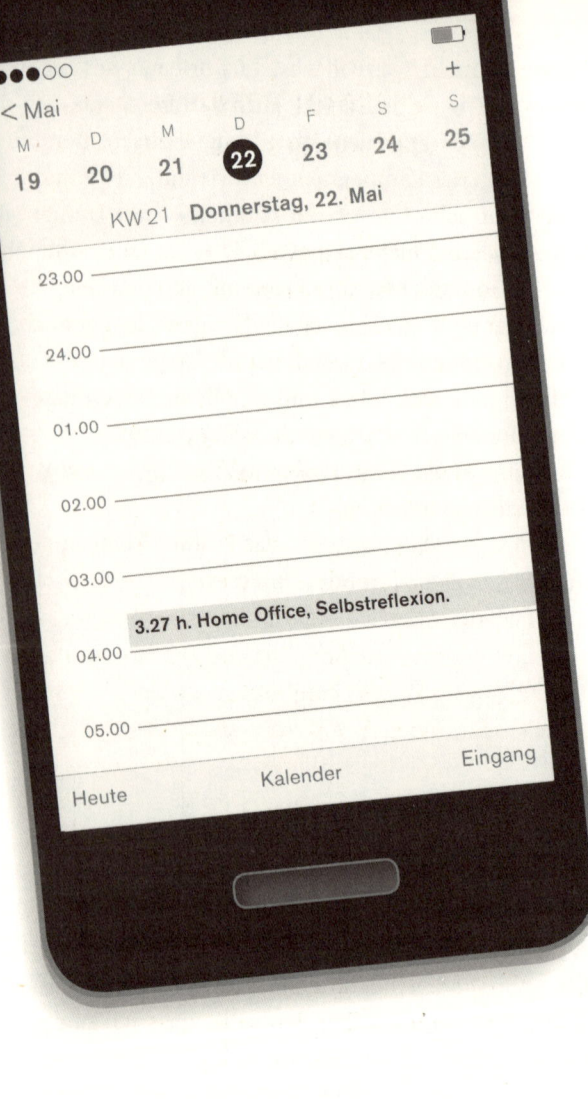

PERSONAL BRANDING –
Selbstoptimierung auf der Vorderbühne

Ich sitze im großen Hörsaal. Wieder. Genau in der Mitte der aufsteigenden Stuhlreihen. Die schmale Tischfläche vor meinem dunkelbraunen Klappsitz zieht sich über die ganze Breite der Reihe. Ich schaue nach links. Da sitzt ja überhaupt niemand. Rechts auch nicht. Und vor mir und hinter mir auch nicht. Das gibt es doch gar nicht. Ich bin der einzige Zuhörer in diesem riesigen Saal, und vorne am Pult steht Dr. Gröhe, der Leiter meiner AG Makroökonomik II. Der hat wie immer ein Pepita-Jackett an und gelbliche Cordhosen.

Vor mir liegt ein Prüfungsbogen. Das Thema: «Die Auswirkungen wirtschaftspolitischer Maßnahmen unter Berücksichtigung internationaler Kapital- und Güterbewegungen unter den Bedingungen wachsender Konjunktur-Unsicherheit, modellhaft in einer kleinen, offenen Volkswirtschaft». Wo ist hier überhaupt die Prüfungsfrage? Daneben liegen 25 nummerierte Blätter, rechts unten mit dem kleinen Stempel vom Prüfungsamt. Dr. Gröhe schaut auf die Uhr.

«Herr Frey», schallt es mit leichtem Echo zu mir hoch, «Sie müssten bitte langsam zum Ende kommen.»

Seit fast acht Stunden sitze ich hier. Meine Hand tut weh vom vielen Schreiben. Ich nehme den Stapel mit den nummerierten Blättern. Um Gottes willen. Ich sehe, dass ich nur eine halbe Seite geschrieben habe. Das war es dann. Das ist die Nachprüfung. Meine letzte Chance in VWL. Wenn ich die versiebe, muss ich auf die FH wechseln.

«Die Zeit ist um. Bitte legen Sie den Stift nieder und geben Sie ab!»

Mein Magen krampft. Mein Hemd ist klatschnass. Ich friere. Ich wache auf.

Die hellgrünen Leuchtziffern meines Radioweckers zeigen 3:27.

Fast zehn Jahre ist diese verdammte VWL-Prüfung her. Wie oft will ich denn diesen miesen, fiesen Traum eigentlich noch träumen? Außerdem habe ich doch bestanden – und mit sieben Punkten auch besser als erwartet.

Ich taste nach meiner Tchibo-Nachttischlampe. Wenn man den Metall-Fuß berührt, geht die an. Egal wo. Ich setze mich auf. Zum Glück ist noch Wasser in der Flasche. Ich trinke sie in einem Zug aus und überlege, ob ich direkt wieder einschlafen kann. Das wird nix. Ich stehe auf und gehe pinkeln. Immerhin das klappt reibungslos. Aber jetzt sind auch meine Füße kalt. Ich gehe zurück ins Bett und überlege, ob ich zur Ablenkung lesen soll. Warum liegt ausgerechnet Dan Brown auf meinem Nachttisch? Mein Vater schenkt mir immer seine ausgelesenen Krimis. Ich mag die französischen mit viel Gerede und wenig Blut lieber. Dan Browns Effekthascherei gefällt mir überhaupt nicht. Und Bücher über Physiker, die auf der ersten Seite brennendes Fleisch riechen, und zwar ihr eigenes, sind mit an Sicherheit grenzender Wahrscheinlichkeit nicht das Richtige in meiner jetzigen psychischen Verfassung. Dazu braucht man nicht einmal den großen Statistik-Schein.

Mist. Jetzt habe ich vergessen, eine neue Wasserflasche mit ans Bett zu nehmen. Ich stehe wieder auf, steige in meine Birkenstocks, gehe in die Küche und setze mich auf einen der vier hellbraunen Holzstühle. Trinken beruhigt. Ich frage mich, warum Mineralwasser Medium immer hellgrüne Etiketten hat. Eigentlich erinnert das ja an Algen. Und was wohl eine Urstromquelle ist? Das klingt ja eher nach Kernfusion, rein teilchenphysikalisch betrachtet.

Aber dann muss ich wieder an das Meeting morgen denken. Und an den Traum eben. Warum habe ich eigentlich immer diese diffuse Angst, dass ich irgendwie auffliege? Wenn mich mitten in der Nacht jemand wach rütteln und leise sagen würde: «Es ist alles rausgekommen. Du musst fliehen. Sofort», dann würde ich aufspringen und meine Sporttasche aus dem Schrank reißen und drei Unterhosen rein, und wenn es gut läuft, auf Anhieb noch meine Uhr, mein Handy und meinen Pass und raus hier.

Warum eigentlich? Ich bluffe doch auch nicht mehr als die anderen. Wir alle spielen Theater. Warum soll ausgerechnet ich die Quittung dafür bekommen und die anderen nicht?

Ich schaue auf die weiße Kühlschranktür. Mit den Fußballer-Magneten, die mir Jens mal zum Geburtstag geschenkt hat. Die komplette Weltmeistermannschaft von 1990. Die Hälfte davon mit Vokuhila. Am konsequentesten Rudi Völler mit amtlicher Manta-Matte. Mein Blick bleibt bei Andi Brehme hängen. Dann startet mal wieder in meinem inneren Archiv der Film, wie Rudi im Finale gegen Argentinien Mitte der zweiten Hälfte den Elfmeter schindet.

Lothar Matthäus verpisst sich irgendwo hinter die Mittellinie. Aber Andi Brehme übernimmt die Verantwortung und greift sich den Ball, und die Argentinier, diese Arschlöcher, bedrängen und bepöbeln ihn noch am Elfmeterpunkt und wollen ihn aus der Ruhe bringen. Aber Andi beachtet die gar nicht. Der läuft mit Seelenruhe an und schiebt das Ding platziert mit rechts ins linke untere Eck, als ob es ein Trainingsspiel wäre.

Jens hatte zu dieser Szene eine ganz interessante Theorie: Andi Brehme konnte so ruhig sein, weil sein geistiger Horizont nicht sehr weit reichte. Dass Andi sich gar nicht hätte vorstellen können, was eigentlich passiert, wenn er den jetzt danebenschießt. Jens hat es das Andi-Brehme-Syndrom genannt. Dieses Syndrom hat er später auch bei recht vielen Kollegen in seinem

Software-Konzern diagnostiziert. Die Sigismund-Sülzheimers, die ohne eine Spur des Selbstzweifels ihren Weg nach oben gemacht haben. Und er halt nicht, weil er nicht selbstsicher genug wirkte.

Neulich habe ich mit Julia darüber gesprochen. Die fand das Andi-Brehme-Syndrom natürlich brillant. Aber auch ein wenig zu undifferenziert. Und dann sagte sie den bemerkenswerten Satz: «Im Unterschied zu dir und vermutlich auch zu diesem Jens wusste Andi Brehme, welche Rolle er auf der Vorderbühne zu spielen hatte. Wie es auf der Hinterbühne aussah, könnt ihr nicht wissen.»

Ich gebe zu: Ich hatte den Namen Erving Goffman zuvor noch nie gehört. Julia hat dann zugegeben, dass seine Theorie zu den wenigen Dingen gehört, die bei ihr aus dem abgebrochenen Soziologie-Studium hängen geblieben sind.

Es hat ihr sichtbar Freude gemacht, mir zu erklären, dass es Leute gibt, die Impression Management eben richtig gut beherrschen. Und dass die unter anderem deshalb erfolgreich sind, weil sie ihre Rolle mögen. Wer seine Rolle mag, kann sie auch überzeugend spielen, was sich vor allem durch Mimik, Körpersprache und Stimmlage ausdrückt. Mit anderen Worten: Fassade ist gut und wichtig.

Vielleicht ist das mein Problem. Ich gehe zurück ins Bett. Ich bezweifle, dass ich jetzt einschlafen kann. Ich muss wieder an den Traum im Hörsaal denken. Ich überlege, wie ich meine Selbstzweifel von der Vorderbühne verdrängen kann.

Vielleicht hat Andi Brehme auch manchmal Albträume. Dann sieht er den argentinischen Torwart, Sergio Goycochea, den Rubi im Kommentar ja zu Recht den Elfmeterkiller genannt hat, etwas schneller in die Ecke tauchen. Andi sieht, wie seine Fingerspitzen den Ball um den Pfosten lenken. Und dann wacht er schweißgebadet auf und muss pinkeln und geht in die Küche und denkt nach.

Ich habe ihn neulich mal wieder in einer Talkshow gesehen. Bei Alex Bommes nach einem Spiel der Nationalmannschaft. Ich glaube, Jens lag mit dem Andi-Brehme-Syndrom gar nicht so falsch.

Ich nehme mir für die Hinterbühne mehr Selbstgerechtigkeit vor. Und ich werde Julia fragen, wie sie eigentlich ein so gutes Impression Management hinbekommt.

Jetzt kann ich einschlafen. Hoffentlich rüttelt mich keiner wach und flüstert: «Sie haben dich erwischt!»

DEATH BY POWERPOINT –
Mehr Fleisch hinter die Bullets

Jan-Phillip braucht meine Unterstützung. Und er will mir viel kreativen Freiraum geben. Wobei das nicht allein in seiner Hand liegt. Wir sollen die Vorstandspräsentation zu den Marketingmaßnahmen in den ersten vier Wochen vor und nach Produkteinführung vorbereiten. Dr. Meyerbeer muss die Präsentation nächste Woche halten.

Eigentlich sind wir in den letzten Wochen mit dem Marketingplan ganz gut vorangekommen. Inhaltliches Futter habe ich genug. Daniel war echt fleißig. Er hat mir eine Tonne mit sauber aufbereiteten Info-Charts geliefert. Jan-Phillip hat selbst die gesamte Strategie über Entscheidungsbäume hergeleitet, gut dokumentiert und klare Handlungsempfehlungen abgeleitet.

«Du gibst dem allen jetzt noch ordentlich Zazz!», hat Jan-Phillip noch gesagt. Weil ich ja von der Agentur her komme. «Daniel, ich und du, wir ergänzen uns hier richtig gut. Data! Strategy! Emotion! Das ist der Dreiklang, bei dem eine Präse mit richtig Wow hinten rauskommt.»

Manchmal wundere ich mich ja über mich selbst. Ich habe richtig Lust auf den Job. Und eine Chance, mich bei Jan-Phillip und Meyerbeer zu profilieren, ist das auch.

Ich bin heute früher ins Büro gekommen. Julia hat Urlaub. Sie ist mit einer Freundin für eine Woche nach Lanzarote gefahren. Club Med, wie immer in ihren Single-Phasen.

Mir fehlt ihr Geplapper. Und wenn sie links hinter ihrem Bildschirm hervorlinst und mir irgendeine Unverschämtheit an den Kopf wirft wie: «Was mir gerade einfällt: Weißt du eigentlich schon, was du an deinem vierzigsten Geburtstag machst? Ist ja nicht mehr lang hin.»

Und in mir dann die Schlagfertigkeitsmaschine anspringt und mir ab und an auch ein richtig guter Konter einfällt. Wie zum Beispiel:

«Was tickt denn hier so laut?»

Ich weiß genau, dass sie weiß, dass ich ihre biologische Uhr meine. Und wie wir uns dann wieder amüsiert hinter unsere Bildschirme zurückziehen. Und ich ungefähr fünf Minuten brauche, bis ich gedanklich wieder da bin, wo ich vor ihrer Unverschämtheit war. Wobei das immer sehr schöne fünf Minuten sind. Insofern ist es zwar schade, dass sie Urlaub hat. Aber eben auch sehr gut. Dann kann ich mich endlich mal richtig konzentrieren.

Was meint Jan-Phillip bei Präsentationen eigentlich mit ordentlich Zazz und richtig Wow? Und wie bringe ich das zusammen? Ich habe meine DJ-Kopfhörer von AKG auf. Die mit dem neongrünen Design auf den Muscheln, das auf Amazon eher dunkelgrün aussah. Zur Inspiration will ich mir auf der Webseite von TED ein paar Talks angucken. In einer besseren Konzern-Welt wären Vorstandspräsentationen TED-Talks. Also Reden von Charismatikern, die an ihre Sache glauben. Und diese Sache auch voranbringen wollen. So wie Beat Grasweiler, unser Chief Sustainability Officer, das bei seiner Amtseinführung vorgemacht hat. Nur eben nicht über Nachhaltigkeit, sondern über die Kunst der Verführung. Denn was ist Marketing anderes, bitte schön? Und wenn nicht wir zum Kauf überzeugen können, wer bitte schön dann? Bei den Weltverbesserern von TED heißt der Veranstaltungs-Claim ja «ideas worth spreading». Bei uns wäre das wohl «products worth buying». Nicht schlecht. Den packe ich mir mal in den Hinterkopf. Vielleicht taugt der ja sogar zur Hookline für die Vorstandspräse. Mal sehen.

Dr. Meyerbeer mag charakterliche Defizite haben. Und emotionale. Aber er ist eigentlich kein schlechter Redner. Er müsste sich nur mal trauen. Vielleicht bräuchte er auch noch ein bisschen Stage-Coaching. Wenn meine Vorlage stimmt, wird er sich dazu vielleicht überreden lassen. Ich muss darüber mal mit Jan-Phillip reden.

Ich rufe die Web-Seite von TED auf und stöbere durch die Vorschlagslisten. «My stroke of insight» gehört zu den meistgeschauten Talks überhaupt. In der Beschreibung heißt es: «Die Hirnforscherin Dr. Jill Bolte Taylor bekam als Wissenschaftlerin eine einmalige Chance. Sie hatte selbst einen Hirnschlag und wurde zu ihrem eigenen Forschungsobjekt – aus der Innensicht.» Wow. Hört sich spannend an. Ich klicke das Video an.

«Ich wurde Hirnforscherin, weil mein Bruder mit einer Hirnschädigung geboren wurde», beginnt sie ihren Vortrag.

Dr. Taylor zeigt Bilder von sich und ihrem Bruder. Dann Mikroskopaufnahmen von irgendwelchen Gehirnzellen aus ihrem Labor in Harvard. Sie sagt, dass das nicht die ihres Bruders sind, sondern ihre eigenen. Es folgt eine Röntgenaufnahme eines Kopfes.

«Das ist mein Gehirn, und in der linken Hälfte ist ein Blutgefäß explodiert», sagt Taylor und zeigt auf einen dunklen Fleck. «Innerhalb von vier Stunden hat mein Gehirn alle kognitiven Fähigkeiten verloren. Ich wurde ein Säugling im Körper einer Frau.»

In diesem Moment kommt von hinten ein Assistent auf die Bühne, mit einem Tablett. Man kann erst gar nicht erkennen, was da drauffliegt. Ein Mett-Igel vielleicht. Nur ohne Zahnstocher. Aber dann zieht Dr. Jill Bolte Taylor ein paar durchsichtige Gummihandschuhe an, hebt den Fleischklumpen von dem Tablett, die Kamera zoomt ran, und dann sieht man die wabbeligen Hirnwindungen.

«Das ist ein echtes menschliches Gehirn», sagt die Forscherin.

Aus dem Publikum tönen Uaah-Geräusche. Was hängt da für eine seltsame Wurstpelle unten dran?, frage ich mich. Offenkundig handelt es sich um das Rückenmark.

Dr. Taylor dreht sich zur Kamera und zieht die beiden Hirnhälften auseinander.

«Rechte und linke Gehirnhälfte sind komplett voneinander getrennt», höre ich sie unter meinem DJ-Kopfhörer sagen. Und ich falle fast vom Stuhl, als mir in dem Moment jemand auf die Schulter tippt.

Ich weiß nicht, wie lange Jan-Phillip schon hinter mir steht. Seine Lippen bewegen sich. Jetzt schaut er mich fragend an. Ich nehme den Kopfhörer ab.

«Äh, hi.»

«Horrorfilm oder Neuro-Marketing?», fragt er. Und grinst.

«Weder noch», sage ich. Ideas worth spreading.» Ich grinse zurück.

«Verstehe, aber das ist doch eher Ehrenamt. Und nichts für die Arbeitszeit?» Jetzt grinst er nicht mehr.

«Doch, doch. In dem Fall schon.»

Ich erzähle von meiner Idee, dass wir den Vorstand mit einer Präsentation der anderen Art überraschen.

«Mein Ziel wäre eine Präse wie ein TED-Talk eben. Mit den Mitteln des Storytellings. Mit emotionalen Bildern. Vielleicht mit Requisite. Es muss ja kein menschliches Gehirn sein, aber irgendetwas, durch das unsere Marke im Wortsinn greifbar wird. Tangibel, wie das in diesem Design-Thinking-Workshop hieß. Und vielleicht traut sich Dr. Meyerbeer ja auch mal ganz frei zu präsentieren. Und ausnahmsweise wird keiner durch Power-Point zu Tode gelangweilt.»

Mist, ich habe mich schon wieder in Rage geredet. Auf Jan-Phillips Stirn bilden sich Falten. Oben laufen sie quer. Und zwischen den Augenbrauen senkrecht.

«Du weißt, dass TED-Talks insgesamt mehr als eine Milliarde Mal angeschaut wurden?», frage ich.

«Nein, wusste ich nicht.» Jan-Phillips Stirn glättet sich wieder. «Mach mal. Ich bin gespannt», sagt er.

Ist das Lächeln jetzt ironisch oder wohlwollend?

Egal. Ich mache mal. Er hat gesagt, dass ich viel Freiraum habe. Jetzt erst recht! Dieses Mal geht es um mehr als um eine Präsentation. Wenn man mich fragen würde: Es geht um eine Haltung. Obama hat mal gesagt: «Are we trying to win? Or are we trying not to lose?» Okay. Seit Obama im Amt ist, macht er nur noch Letzteres. Aber wenn sich Meyerbeer auf diesen Gedanken einlässt, können wir nur gewinnen, was das Ansehen vom Marketing im Konzern angeht.

Also: Was wäre, analog zu Dr. Taylor, unser Gehirn? Ich denke an unser Produkt mit seinen vielen Funktionen und seinem mittelmäßigen Design. Mir fällt auf Anhieb nichts ein. Und wie baue ich überhaupt einen TED-Talk auf? Ich erinnere mich an einen anderen TED-Talk, auf den Julia mich mal aufmerksam gemacht hatte. Von einem amerikanischen Motivations-Experten, wenn ich mich recht erinnere. Der Vortrag hieß: «Start with why!» Ich google. Simon Sinek heißt der Typ. Alliterationen sind ja auch bei Claims immer gut, denke ich. Simon Sinek ist ehemaliger Werber. Jetzt arbeitet er als Strategieberater für Militärs. Warum er als Ex-Werber heute in Motivation macht, kann ich im Netz nicht auf Anhieb finden. Dafür finde ich sein Buch, das wie der Vortrag heißt. Und dieses Bild, das eigentlich alles sagt:

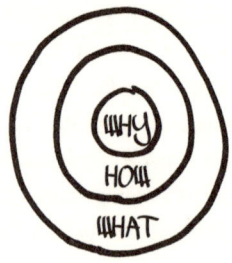

«Golden Circle of Human Motivation» steht drunter. «How Great Leaders Inspire Everyone to Take Action!» In diesem Moment bin ich mir sicher: Damit ziehe ich Jan-Phillip auf meine Seite. Und er wird Meyerbeer klarmachen, dass wir das Spiel gewinnen, wenn wir die Präsentations-Routinen durchbrechen. Und dass wir ganz sicher verlieren, wenn wir nur versuchen, nicht zu verlieren.

Die Analogie von diesem Sinek zu unserem Geschäft liegt ja auch nur allzu nahe: «How Great Managers Inspire Everyone to Buy!» Da fügt sich jetzt eins zum anderen. Auf der Website zum Buch lese ich: «People don't buy what you do. They buy why you do it.» Ich erinnere mich, wie Taylors Vortrag anfing. Mit dem Warum! Dass sie Hirnforscherin wurde, weil ihr Bruder eine Hirnkrankheit hatte. Wie sie in der Mitte des Vortrags, mit Hilfe des echten menschlichen Gehirns in der Hand, das Wie ausführte, nämlich wie es zum Hirnschlag kommt. Das Was hob sie sich für den Schluss auf: Was müssen wir tun, um die Zahl von Hirnschlägen im Jahr um drei Prozent zu senken?

Warum? Wie? Was? Das wird die Struktur für die Vorstandspräsentation sein. Plötzlich geht alles wie von selbst.

Dr. Meyerbeer wird genau 18 Minuten reden. Den Einstieg macht er ganz ohne Folien. Warum wird der Kunde unser Produkt kaufen? Meyerbeer wird über die Gier nach dem Neuen sprechen. Er wird den Vorstand selbst neugierig machen. Und zwar über die Erkenntnisse der Hirnforschung, emotional zu triggern. Ideal wäre natürlich, wenn er auch mit einem echten menschlichen Gehirn vor denen stünde. Das wäre Hall of Fame. Aber das werden wir nicht hinbekommen. Ich schaue auf Amazon, was ein Plastikhirn für Medizinstudenten kostet. In Originalgröße 49 Euro, sogar mit Schädel drum, den man aufklappt, und dann kommen die Hirnlappen zum Vorschein. Fast so gut wie echt. 49 Euro müssen drin sein. Zur Not zahle ich die aus eigener Tasche. Im Mittelteil werden wir mit großen, emotionalen Bildern arbeiten. Gesichter von der Zielgruppe, die Neugier ausstrahlen. Ich google «curiosity» und «face». Ohne Ende Material. Jung, alt. Schön, hässlich. Mann, Frau, alle Hautfarben. Huch, auch eins von Bin Laden. Das brauchen wir wohl nicht, aber da findet sich auf jeden Fall was.

Meyerbeer wird zeigen, wie sich die Zielgruppe in der Neugier wiedererkennt und wie wir dann diesen tiefverwurzelten Wunsch nach dem Neuen kommunikativ mit unserer neuen Produktgeneration verweben. Und zwar ohne das Produkt zu zeigen, was den potenziellen Kunden noch neugieriger macht und im Übrigen den Vorteil hat, dass wir unser Produkt nicht zeigen müssen. Das muss Meyerbeer vielleicht nicht ganz so laut sagen, zumal ja auch der Entwicklungsvorstand im Raum sein wird.

Die letzten fünf Minuten werden dem Was gehören. Den harten Fakten zum Marketing-Mix. Alle werden jetzt die üblichen PowerPoint-Folien mit Balken- und Torten-Diagrammen erwarten. Nix da. Wir zünden das nächste Überraschungsmoment. Jan-Phillip wird Susanne in dem Moment ein Zeichen geben, und die wird vor der Tür mit einem echten runden Kuchen warten, auf den wir die Budgets für die einzelnen Kanäle gemalt haben: TV, Radio, Print, Online, Social Media, Direct Mailings, Events, Journalistenreisen und so weiter. Dann wird Susanne, oder nein, besser Julia, reinkommen und mit all ihren It-Girl-Qualitäten die Torte vor Meyerbeer stellen. Der wird die Budgets Stück für Stück erläutern. Hehe. Stück für Stück wird er die Schokotorte teilen. Und am Ende bekommt jeder Vorstand eins. Und der CEO bekommt natürlich das für TV, also das größte. Yeah! Das wird Hall of Fame!

Ich starre auf meinen Bildschirm. Auf das Outline, das ich gerade getippt habe. Fünf Seiten! Ich habe gar nicht gemerkt, wie. Ich schaue auf die Uhr. Zwei Stunden sind um, seit Jan-Phillip mir auf die Schulter getippt hat. Ich bin total überrascht. Von mir selbst. Und wie es ist, mal wirklich konzentriert und ohne Unterbrechung zu arbeiten. Ich habe ja immer noch meinen Kopfhörer auf. Ich setze ihn ab und rufe Susanne an.

«Gibt es in dieser Woche noch einen Timeslot, in dem ich Dr. Meyerbeer und Jan-Phillip das Konzept für die Vorstandspräse vorstellen kann?», frage ich.

«Dr. Meyerbeer hat mir schon gesagt, dass die Präse für ihn Prio eins hat», sagt Susanne.

«Das klingt wie eine Drohung.»

«So war es auch gemeint. Ich rufe dich gleich zurück.»

Ich schlucke. Wichtig war mir klar. Aber die Worte Prio eins sagt Meyerbeer nicht ganz so oft wie die anderen E1er.

Während ich warte, gehe ich das Outline noch mal durch. Das ist anders. Das ist stimmig. Das ist gut. Das düdelt, das Telefon.

«In zehn Minuten hast du zehn Minuten», sagt Susanne. Und fügt an: «Ich sagte ja: Prio eins.» Jetzt klingt es wirklich wie eine Drohung. «Im Eckbüro, bitte. Jan-Phillip hatte sowieso eine Besprechung mit Dr. Meyerbeer.»

«Danke dir», sage ich. Was vermutlich nicht klingt, als ob es von Herzen kommt. Ich lege auf. Und sammle mich. Ich denke an meinen alten Fußball-Trainer. Das wird ein Endspiel. Die

Körpersprache muss stimmen. Ich schaue, ob die Tür zu ist. Ich nehme die Fäuste vor den Oberkörper. Ich atme tief durch die Nase ein und deute zwei Hiebe an. Kurz und schnell. Uff! Uff! Im Sitzen. Ich drücke mein Kreuz durch. Und mit der Maus auf Drucken. Auf dem Weg zum Eckbüro gehe ich am Kopierer vorbei. Vor dem Vorzimmer von Dr. Meyerbeer atme ich noch einmal tief durch. Ich werde auf Sieg spielen!

«Gehen Sie direkt durch», sagt eine der beiden Assistentinnen von Dr. Meyerbeer. Die Tür ist offen. Der Raum hat mindestens 60 Quadratmeter und Fensterfronten an zwei vollen Flanken. Der Schreibtisch von Dr. Meyerbeer steht gleich links. Auf dem Tisch stehen drei Bilder von seinen beiden großen Töchtern und dem kleinen Sohn. Ach, nein, die ältere seiner Töchter ist ja seine neue Frau. E1er und E2er sitzen am Ende des Raums an einem schwarzen Konferenztisch mit Freischwingern aus schwarzem Leder. Jan-Phillip steht auf und kommt auf mich zu.

«Das ging ja schnell. Setz dich zu uns», sagt er.

Dr. Meyerbeer bleibt sitzen, schiebt sein iPad und einen Stapel Unterlagen zur Seite.

«Dr. Wendenschloss hat mir Großes angekündigt. Wir sind ganz neugierig.» War das jetzt ironisch? Egal. Jetzt gilt es.

«Das ist gut. Denn genau darum geht es», antworte ich.

Ich fühle mich fit. Rücken gerade. Die Freischwinger sind zwar Neunziger, aber gut für die Körpersprache. Der Ausdruck mit dem Outline liegt vor mir. Er interessiert mich nicht mehr.

Ich rede um mein Leben.

Ich erzähle, wer Dr. Jill Bolte Taylor ist. Und wie das Publikum aufheult, wenn sie das echte Gehirn in die Hand nimmt.

Zwischen der einen Fensterfront und dem Schreibtisch steht ein Flipchart. Ich frage nicht. Ich stehe auf und ziehe es heran. Ich nehme einen schwarzen Stift und male den Golden Circle drauf.

«Warum? Wie? Erst am Schluss das Was!», erläutere ich.

Ich rede weiter. Ich setze mich. Ich beschreibe, wie Julia den Kuchen reinbringt. Ich male mit dem dicken Flipchart-Stift einen Kreis auf die Rückseite eines meiner Blätter. Die Schokoladentorte. Meine rechte Hand deutet Kantenschläge an. Ich sage: «Keine Slides. Slices. Echte Kuchen-Slices.»

Keiner unterbricht mich. Meyerbeer und Jan-Phillip sitzen einfach nur da und hören mir zu. Ich fasse es nicht. Ich spiele wirklich auf Sieg. Die Schlusspointe habe ich nicht geplant. Sie kommt von irgendwo tief innen. Aus der Tiefe des Raumes:

«Einführung in die Grundlagen des Marketing. Lektion eins. Differenciate or die. Diese Präsentation wird anders als die anderen.»

Ich habe den Edding immer noch in der Hand. Ich lege ihn auf das Blatt mit dem Tortenstück, als wäre er das Messer. Ich schiebe das Blatt ein kleines Stück Richtung Dr. Meyerbeer.

Keiner sagt etwas. Warum pfeift jetzt kein Schiedsrichter ab, damit ich jubeln kann? Meyerbeer und Jan-Phillip sagen immer noch nichts. Ihre Mimik zeigt auch nichts von der wohlwollenden Strenge, aus der die Autorität eines guten Schiedsrichters vom Schlage Howard Webbs resultiert. Die beiden erinnern mich eher an die Jury beim großen TV-Total-Promi-Turmspringen mit Elton oder so. Ich sehe gespielte Ernsthaftigkeit. Im besten Fall.

«Reschpekt!», sagt Jan-Phillip nach einer gefühlten Ewigkeit. «Das wäre wirklich mal ein anderer Angang.»

«Die Sache mit dem Warum finde ich spannend», sagt Dr. Meyerbeer. «Das wissen wir ja seit Nietzsche. Wer das Warum kennt, wird mit jedem Wie fertig.»

Nietzsche! Danke. Gleich kommt noch ein Churchill-Zitat.

«Würde Frau Weisbrod auch gleich die Teller für das Tortendiagramm mitbringen?»

War das jetzt ironisch? Ich antworte nicht. Sondern schaue auf mein Blatt.

Jan-Phillip springt ein.

«Lasst uns doch mal gemeinsam überlegen, in welchem Kontext so ein TED-Ansatz der richtige wäre.»

In deutlich abgespeckter Fassung, da sind sich die beiden rasch einig, könnte das was für den Marketer-Summit in Berlin sein. «Oder vielleicht doch eher gleich für eine Falling-Walls-Konferenz», sagt Jan-Phillip. «Bei denen geht es ja genau darum, kräftig zu provozieren.»

«Ja, genau. Und zwar neue Gedanken», sage ich. Der Tonfall war wohl eine Spur zu aggressiv.

Dr. Meyerbeer beendet das Gespräch abrupt. Er sagt noch irgendwas von grundsätzlich findet er es gut, wenn wir uns im Marketing etwas weiter aus dem Fenster lehnen. Aber dass Jan-Phillip dann doch besser noch einmal grundsätzlich mit mir alles durchsprechen soll. Besonders den Kontext Vorstandssitzung. Und es fällt auch der Satz, dass ich noch lernen muss, weniger Agentur und stärker Konzernkultur in mein Denken zu integrieren.

Am späten Nachmittag schaut Jan-Phillip in meinem Büro vorbei. Er wirkt vorsichtig. Er sagt sogar, dass es ihm leidtut, dass Dr. Meyerbeer und, offen gesagt, auch er meinen Auftritt schon irgendwie mutig, doch vor allem auch etwas skurril fanden. Er ist dann allerdings auch etwas überrascht, dass die neue Präsentation fast fertig ist.

Susanne hat mir die Folien von der letzten Vorstandspräsentation gemailt. An der Struktur habe ich nichts verändert. Ich habe einfach die Produktbilder ausgetauscht und ein paar Mood-Bilder aus der Bilddatenbank des Konzerns dazwischengehauen. Und ansonsten die Grafiken von Daniel per copy und paste eingefügt und mit dem Input zur Strategie ergänzt, der ja von Jan-Phillip stammt. Wobei ich da deutlich zu viel Text hatte und ich dann mit der Schrift zu klein hätte werden müssen, sodass ich mich entschied, inhaltlich etwas einzukürzen. Was aber auch schnell ging.

«Wollen wir das kurz zusammen durchgehen?», frage ich und bemühe mich, gut gelaunt zu klingen.

Jan-Phillip rollt Julias Stuhl an meinen Schreibtisch.

Ich klicke und klicke. Jan-Phillip nickt und nickt.

«Sehr, sehr gut, Lukas. Ich habe eigentlich nur einen kleinen Kritikpunkt. Die Slides zur Strategie im Marketing-Mix sind mir noch ein bisschen zu barebone. Da hätte ich gerne noch ein bisschen mehr Fleisch hinter die Bullets.»

«Kein Problem. Ich mache die Schrift etwas kleiner», sage ich.

Jan-Phillip nickt noch einmal. Und ergänzt:

«Und zur Not halt noch ein paar mehr Charts.»

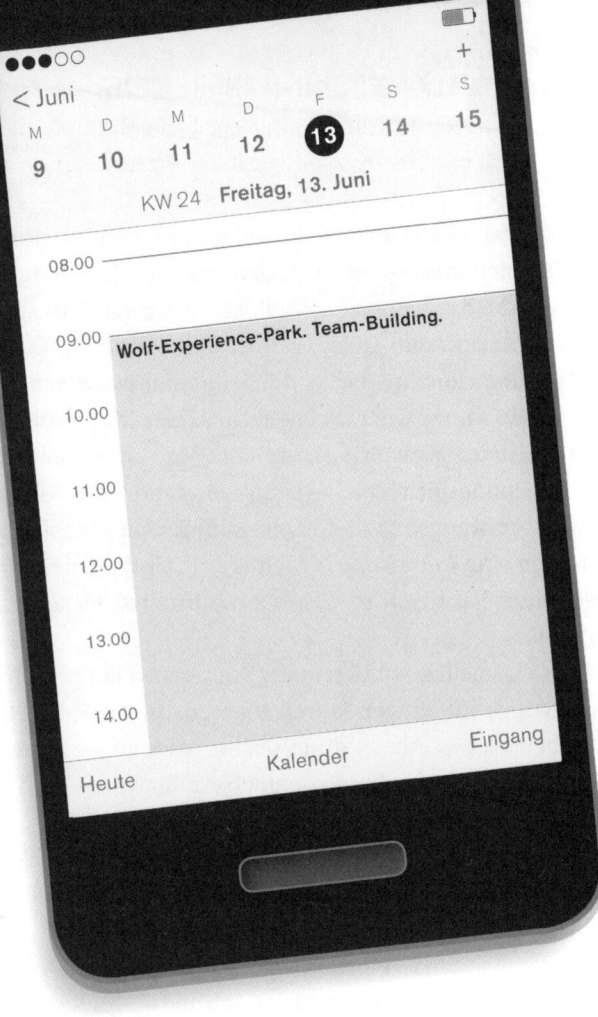

WALK-AROUND-MANAGEMENT –
Die Führungskultur der Leitwölfe

Eure Aufgabe ist es jetzt, einen der Wölfe zu füttern. Ihr könnt euch einen aussuchen.» Claudia Jung vom Coaching Center trägt heute mal keinen dunkelblauen Business-Anzug, sondern eine hellbraune Trekking-Hose von Fjällräven. Dazu eine dunkelgrüne Gore-Tex-Jacke, dunkelbraune Wanderstiefel und eine Armee-Mütze wie Dirk Niebel in Afrika. Was ja auch angemessen ist im Wolf-Experience-Park auf einem ehemaligen Truppenübungsplatz der Sowjetarmee irgendwo im Nirgendwo. Unsere extern zugebuchte Geheimwaffe für emotionales Lernen gibt noch eine Anweisung: «Wichtig ist: Der Wolf, den ihr euch ausgesucht habt, soll das Fleisch dann auch tatsächlich bekommen.»

Betriebsausflüge wurden in der Konzern AG auf Betreiben des Controllings vor einigen Jahren abgeschafft. Jan-Phillip konnte aber bei Dr. Meyerbeer durchsetzen, dass unser Budget für Teambuilding-Maßnahmen deutlich erhöht wurde. Und so sind wir heute Morgen um sechs Uhr in einen kleinen Bus aus dem Konzernfuhrpark gestiegen und zu diesem seltsamen Wildpark gefahren, der in Kooperation mit dem Frankfurt Coaching Center das Management-Seminar «Wolf-Watching – Leitwölfe und was wir von ihnen lernen können» anbietet.

Jetzt ist es elf. Im Bus muss ich noch mal eingenickt sein. Julia behauptet, meine Kinnlade wäre nach unten geklappt und hätte eine Viertelstunde lang im Takt der Bodenwellen gewippt. Und dass sie kurz überlegt habe, mir die Kinnlade mit einem Schal wieder nach oben zu binden, weil sie der Anblick so irritiert habe. Jan-Phillip, Daniel und Sebastian hätten herzlich gelacht.

Eher unwitzig ist: Vermutlich stimmt das auch noch. Dr. Meyerbeer hat das zum Glück nicht mitbekommen.

Er ist nämlich heute dabei, was uns alle etwas gewundert hat. Doch seit die Vorstandspräsentation, die ohne größere Irritationen, also in gepflegter Langeweile, also gut gelaufen ist und unser Marketingplan mit kleineren Einsparwünschen vom Vorstand durchgenickt und weggelächelt wurde, wirkt der E1er deutlich entspannter. Zu mir ist er sehr freundlich. Mein Vortrag im Eckbüro mag ja etwas skurril gewesen sein. Aber zumindest weiß Meyerbeer jetzt, wer ich bin. Der Schleimer Daniel wurde von Meyerbeer neulich wieder mit «Herr Dings» angeredet. Das würde einem Leitwolf vermutlich nicht passieren. «Der Leitwolf kennt jeden im Rudel sehr, sehr gut. Mit allen Stärken und Schwächen», wie Claudia in ihrem Einführungsvortrag in der Conference Lodge betont hat.

Jetzt stehen wir auf einer aus groben Baumstämmen gezimmerten Beobachtungsplattform, die über den rund zwei Meter hohen Zaun in das Wolfsgehege hineinragt. Die sieben Wölfe da unten wissen offenbar, was jetzt kommt. Wie freundliche Hütehunde glotzen sie zu uns hoch, die Kinnladen nach unten geklappt, die Zungen schräg hängend. Wir wissen nicht genau, was kommt. Claudia hat einen Rucksack wie für drei Tage Hüttenwanderung mit. Aus dem holt sie eine durchsichtige Tüte mit blutigen Gulasch-Brocken heraus. Jeder von uns bekommt drei auf die Hand. Das Lammfleisch müffelt etwas. Offenbar Resteverwertung. Das dürfte die Controller freuen.

«Wie gesagt: Sucht euch eine oder einen aus und versucht sie oder ihn zu füttern», wiederholt unser Leadership-Coach.

Bitte wenigstens hier kein Gender-Scheiß, denke ich. Und müsste das Seminar dann nicht «Was wir von LeitwölfInnen lernen können» heißen?

«Welche sind denn die Mädels?», fragt Julia. Ihr cool karierter Rock über schwarzen Strumpfhosen wirkt hier im Tierpark etwas deplatziert. Und natürlich trotzdem super. Ich glaube, sie ist heute gar nicht geschminkt. Was man gar nicht merkt, wenn man nicht genau hinschaut.

Die Wölfe sitzen immer noch da unten und glotzen erwartungsfroh hoch. Claudia weiß offenkundig auch nicht auf Anhieb, welches die Weibchen sind. Ich frage mich: Darf man bei Tieren eigentlich noch Weibchen sagen? Claudia deutet mit dem Kinn vage ins Rudel. Dr. Meyerbeer hilft ihr unbewusst aus der Kompetenz-Patsche, indem er dazwischenblökt:

«Ich weiß schon, welchen. Ich nehme den Alpha-Wolf!»

Er geht auf der Plattform zwei Meter nach links, beugt sich vor und wirft seine drei Fleischlappen direkt vor das größte Tier mit dem schönsten Fell. Das Tier schaut sich um. Es zögert. Von links kommt ein kleinerer Bursche angehechtet, beißt den Schönling weg und verschlingt die Brocken ohne Hast.

Wir sind überrascht.

«Learning eins: Der Leitwolf ist meist nicht das größte und stärkste Tier. Sondern das mit der höchsten sozialen Intelligenz. Dass beides zusammenfällt, ist eher selten.»

Ich bin dran. Hinten rechts sitzen zwei, die irgendwie freundlich und aufgeweckt aussehen. Ich werfe das Fleisch genau zwischen sie. Die fackeln nicht lange. Jeder ergattert einen Brocken. Um den dritten raufen sie kurz. Als einer das Stück im Mund hat, lässt der andere ihn gewähren.

«Das waren zwei Jungtiere», erklärt Claudia. «Der Alpha-Wolf lässt ihnen viel Entscheidungs-Freiraum. Wenn einer beim Jagen zu früh lossprintet und die Beute verscheucht, pfeift der Leitwolf sie nicht zurück. Auch wenn das Rudel dann hungern muss. Die sollen durch eigene Erfahrungen lernen.»

«Konsequente Fehlerkultur», sekundiert Jan-Phillip.

«Bei mir darf auch jeder jeden Fehler machen. Aber nur einmal», donnert Meyerbeer dazwischen. Wir sind uns alle unsicher, ob das ein Witz war. Ich lache mal mit angezogener Handbremse.

Susanne ist auf der Plattform derweil ganz nach rechts gerückt. Abseits von den anderen sitzt eine echt armselige Gestalt von einem Wolf. Nicht kleiner als die anderen, aber dünner. Und sind das Bisswunden? Mit dieser Körpersprache gewinnst du kein Spiel. Auch nicht als Wolf, denke ich. Susanne trifft ihn mit ihrem Fleisch am Kopf. Er oder sie zuckt zurück. Die drei anderen, die noch nichts hatten, springen knurrend auf das Tier zu. Das reicht schon. Er oder sie trabt davon. Die drei kloppen sich um Susannes Fleisch.

«Das war dann wohl der Omega-Wolf», sagt Daniel in bester Stimmung. Meyerbeer lacht. Alle schauen betreten hinab ins Gehege.

«Omega-Wölfen kommt im Rudel die Rolle des Blitzableiters zu. Da sind sich die Verhaltensforscher inzwischen sicher», doziert Claudia. «Sie kanalisieren die Aggression. Oft gehen sie auch spielerisch dazwischen, wenn zwei ranghöhere Wölfe ernsthaft in Streit geraten und sich im Kampf verletzen könnten. Dann beißen die gemeinsam den Omega-Wolf. Der flüchtet ins Gebüsch, und im Rudel herrscht wieder Ruhe.»

«Sind das meistens Weibchen?», fragt Meyerbeer.

Claudia schaut ihn an, als ob der E1er gerade aus einem Affenkäfig ausgebrochen ist. Dann findet sie wieder zurück in ihre Rolle als beratende Dienstleisterin.

«Äh, nein. In jedem Rudel in freier Wildbahn gibt es aber sowohl ein männliches als auch ein weibliches Alpha-Tier. Die führen absolut gleichberechtigt. Bei Gehegewölfen ist das anders. Da dominiert in der Regel ein männliches Tier.»

«Im Konzern haben wir auch keine guten Erfahrungen mit Doppelspitzen gemacht», sagt Dr. Meyerbeer.

Claudias Gesichtszüge wirken jetzt schockgefroren. Sie dreht sich um, nimmt die Tüte mit dem Fleisch und leert den Rest ins Gehege. Unten wird ein wenig gekämpft und geknurrt, und die gesamte Meute, bis auf das arme Omega-Tier, balgt sich um den Batzen. Ich kann zwar immer noch nicht unterscheiden, wer jetzt hier Alpha-Männchen und wer E4 abwärts ist, aber das klärt sich dann überraschend schnell nach der Fütterung.

Denn wir sollen jetzt beobachten. Ganz hinten im Gehege gibt es einen erhöhten Platz mit einem Baumstamm als Windschutz. Der muskulöse Wolf läuft direkt hin, baut sich auf und schaut zu den anderen. Dann gähnt er. Und legt sich hin.

«Das ist das Chefbüro», sagt Claudia.

Der Schönling und ein zweites großes Tier mit dichtem Fell sitzen jetzt auf den Hinterbeinen am Fuß des Hügels und schauen den anderen zu, wie sie durch das Areal schnüffeln. Der Omega-Wolf bleibt in geduckter Haltung und mit eingeklemmtem Schwanz bei uns an der Plattform sitzen.

«Sind das die Beta-Wölfe?», fragt Daniel und deutet auf die beiden Tiere unterhalb des Chefplatzes.

«Ja, die haben Stellvertreterfunktion. Der Leitwolf delegiert viel an sie. Die Beta-Wölfe haben Entscheidungsspielräume. Aber in Gefahrensituationen reißt das Alpha-Tier das Kommando sofort an sich. Dann kommuniziert er sehr klar.»

«Wie gibt er Feedback?», fragt Jan-Phillip.

«Knurren bedeutet: So nicht. Ein kräftiger Biss ins Ohr ist die erste Abmahnung.»

Eine ganze Weile passiert wenig im Gehege. Bei uns auf der Plattform ebenfalls nicht. Jan-Phillip schaut den Beta-Wölfen in die Augen. Julia hat noch ein Fleischstück aufgehoben und wirft es unauffällig dem Omega-Wolf hin. Die anderen bekommen es

Gott sei Dank nicht mit, und so kommt der Loser auch noch zu seinem Lunch. Susanne und Julia lächeln sich zu.

Wir hängen alle unseren Gedanken nach. Ich muss an das erste richtige Buch denken, das ich gelesen habe. Neun oder zehn muss ich gewesen sein. «Die Serengeti darf nicht sterben». Damals war ich total davon beeindruckt, dass ein männlicher Löwe zwanzig Stunden am Tag schläft, immer die Weibchen jagen lässt, aber von der Beute trotzdem das größte und beste Stück bekommt. Und dass er sich ansonsten darauf konzentriert, Junglöwen ordentlich auf die Schnauze zu hauen, wenn sie ihn in Rangfolgekämpfen herausfordern.

Der Leitwolf da unten scheint dann doch ein etwas moderneres Führungsverständnis zu haben. Ich schaue durch mein kleines Fernglas, das ich mitgebracht habe, und sehe, wie sein linkes Auge sich öffnet. Er reckt sich und steht auf. Er schaut kurz bei seinen Abteilungsleitern vorbei, stupst sie freundlich an und dreht eine Runde zu den Gammas. Sogar beim Omega-Wolf schaut er vorbei. Der macht eine kleine Unterwerfungsgeste. Hat der Chef da gerade genickt? Er trottet jedenfalls sichtbar zufrieden zu seinem Platz zurück.

«Das ist exzellentes Walk-around-Management», sagt Claudia Jung. «Der Alpha-Wolf vergewissert sich regelmäßig, dass bei allen alles in Ordnung ist. Er lebt seine Werte. Er ist hundert Prozent loyal zu dem Rudel. Er würde sich für das Team zerreißen. Das spüren die anderen. Deshalb folgen sie.»

Daniel will wissen, wie Jungwölfe Karriere machen. Claudia gibt die Frage weiter an die Runde. Ich verkneife mir die Frage, ob es auch so etwas wie einen Permanent-Beta-Wolf gibt. Wir diskutieren stattdessen darüber, wie sich Leistung im Rudel eigentlich misst. Jan-Phillip überlegt laut, ob es bei Wölfen so etwas wie Key Performance Indicators für die Jagd gibt. Was ja eigentlich so sein müsste, da Jagen, ökonomisch gesprochen, die

Wertschöpfung des Rudels ist. Entsprechend müsste sich der Wertbeitrag des einzelnen Wolfs, sofern er sich denn messen lässt, auch karrierefördernd auswirken.

Claudia ist da skeptisch.

«Zwei Wege führen nach oben», erklärt sie. «Erstens: Kampf gegen den Leitwolf. Der Weg ist hart. Und gefährlich. Oder zweitens: ausgründen. Also ein eigenes Rudel aufbauen.»

Ich habe dann auch mal eine Frage.

«Was macht ein Leitwolf, um die anderen zu motivieren?»

«Nichts. Die Lust am Jagen ist ja in den Genen. Wölfe sind von sich aus motiviert. Das Alpha-Tier macht nur nichts, das seine Mitarbeiter demotivieren könnte», sagt Claudia.

Schade, dass Dr. Meyerbeer das nicht gehört hat. Er ist schon vorgegangen zur Treehouse-Lunch-Lounge.

Wir spazieren ebenfalls zum Mittagessen, vorbei am Spielplatz mit Wolfsrachen-Rutsche und dem Streichelzoo mit Schafen. Oben im Baumhaus-Restaurant gibt es «Wolfe's Choice»: gegrillte Lamm-Koteletts mit Kartoffeln und grünen Bohnen. Die vegetarische Option heißt «Rotkäppchen-Pilzpfanne». Ich sitze neben Jan-Phillip. Gegenüber nimmt Claudia mit Pilzpfanne Platz.

«Mythos Motivation. Als ob die Wölfe Reinhard Sprenger gelesen haben», sagt Jan-Phillip.

«Oder Sprenger die Wölfe», wende ich ein.

Claudia lacht.

Durch unsere erste Begegnung und ihre doch etwas harsche Interpretation meines Leitwolf-artigen MBTI-Profils war ich ihr gegenüber, offen gesagt, ja eher kritisch eingestellt. Aber jetzt bin ich froh, dass sie durch so eine kleine Tierschau mal unsere Routinen durchbricht. Und uns im Übrigen, da bin ich ganz ehrlich, auch noch einen Tag im Büro erspart. Außerdem empfinde ich sie zunehmend als selbstreflektiert.

«Im Grunde betreiben wir hier Management-Bionik», sagt sie. «So wie Flugzeug-Ingenieure sich Schwalbenflügel sehr genau anschauen. Wir dürfen es mit den Analogien natürlich auch nicht übertreiben. Meine Erfahrung ist aber, dass Wolf-Watching emotionales Lernen ist. Keinen von uns lässt es kalt, was da auf der anderen Seite des Zauns passiert. Wir spüren, dass wir uns anders verhalten müssen.»

Jan-Phillip schaut Claudia an. Ich beobachte ihn. In ihm passiert irgendwas.

«Veränderung ist möglich. Individuell und organisational», legt Claudia nach.

Jan-Phillip nickt. Nur ganz langsam. Und fragt:

«Wo wären denn Transfermöglichkeiten der Bionik für das Marketing?»

Claudia denkt einen Moment nach.

«Beim Wolf fallen mir jetzt keine ein. Aber beim Pfau.»

«Die Frau als potenzielle Kundin?»

«So sieht es aus. Ein Meter vierzig kann so eine Schleppe sein. Eigentlich total hinderlich. Der Pfau kann kaum noch rennen. Aber der Pfau mit den schönsten Federn hat die besten Gene. Das glaubt zumindest das Weibchen.»

Ich muss an George Clooney denken. Und an seine Selbstgefälligkeit in der Nespresso-Werbung.

«Im erweiterten Sinn kann sich das Marketing vielleicht auch was bei den Spinnen abschauen. Die beobachten die Flugwege von Fliegen. Und wissen dann genau, wo sie ihre Netze aufspannen müssen», fährt Claudia fort.

Jan-Phillip bekommt große Augen. Er erzählt von einem Projekt bei McKinsey, in dem sie in französischen Riesen-Supermärkten per Handyortung die Laufwege von Kunden analysiert haben. Und dann genau wussten, wo sie die Sonderangebote platzieren mussten.

Richtig spannend findet Claudia die Kundenneugewinnung und Kundenbindung bei Putzerfischen.

«Denen gelingt es durch extrem hohe Service-Orientierung und individuelle Kundenbetreuung eine sehr stabile Stammklientel zu gewinnen. Trotzdem bedienen sie Neukunden immer zuerst.»

«Wieso das? Dann sind doch die Stammkunden sauer», widerspreche ich.

«Laufkundschaft sind oft Fische, die ein größeres Revier haben und nur selten vorbeikommen. Die Chance auf Monetarisierung besteht also nicht oft. Stammkunden haben hingegen oft ein kleines Revier. Und warten auf jeden Fall.»

«Faszinierend. Marketing-Darwinismus», sagt Jan-Phillip.

«Sind Viren eigentlich auch Tiere?», frage ich Claudia.

«Keine Ahnung, warum?»

«Ich frage mich, was wir von denen für virales Marketing lernen können.»

Jan-Phillip nickt wieder so langsam.

«Bitte recherchiere das doch mal, wenn wir wieder im Büro sind.»

Als wir zurück zum Bus kommen, sitzt Dr. Meyerbeer schon in der ersten Reihe hinterm Fahrer und schläft. Jan-Phillip setzt sich mit Claudia in die Reihe dahinter.

«Wir wollen noch gemeinsam darüber nachdenken, wann und wie wir ein Follow-up machen», sagt Jan-Phillip.

Daniel, Sebastian und Susanne unterhalten sich weiter hinten über ihren Resturlaub.

Julia und ich gehen auf die letzte Bank.

«Nicht dass ihr denkt, das hat was mit Hierarchie zu tun», ruft sie nach vorne. «Hinten sitzen die Coolen.»

Ich schaue nach links aus dem Fenster. Im Gebüsch, keine

zwei Meter neben dem Parkplatz, sehe ich einen großen Ameisenhügel. Ich hole mein Fernglas aus der Jackentasche. Ich stelle es an dem kleinen Rädchen in der Mitte scharf und kann erkennen, wie eine Armee von Transportameisen kleine, grüne Blattstücke anschleppt. Wie an der Schnur gezogen. Exzellente Logistiker, denke ich.

Wir fahren los und biegen auf die Landstraße. Nichts als Bäume. Der Motor brummt vor sich hin. Gleich schlafe ich ein, denke ich. Der Gedanke macht mich umgehend wach. Bitte nicht noch einmal aufgeklappte Kinnlade, denke ich. Am Ende noch mit Zunge raus und Speichel am Kinn. Nicht vor Julia. Die beugt sich rüber. Und sagt leise:

«Learning zwei: Ich lass das mit den Rangfolgekämpfen.»

«Und was ist die Alternative?»

«Ich gründe aus.»

«Mit was? Online-Handel?»

«Nein. Beratung. Lemming-Watching. Riesenmarkt!»

LUNCH IS FOR LOSERS –
Workflow-Optimierung mit McKinsey

Es ist warm auf dem Fahrrad. Angenehm warm. Der Sommer tut gut. Selbst auf dem Weg ins Büro. Ich bin früh dran. Der Fahrradstreifen ist weitgehend frei. Nicht ausscheren müssen tut ebenfalls gut. Vielleicht sollte ich öfter früher kommen und früher gehen. Auch um in der Woche nach dem Job noch was machen zu können. So langsam fasse ich Fuß in der Stadt. Donnerstagabends kicke ich jetzt immer in einem Käfig mit Tartan-Platz einer Schule gar nicht weit von meiner Wohnung. Einer der Agentur-Jungs hat mich mitgenommen. Die meisten dort sind jünger als ich. Die meisten auch schneller. Aber das technische Niveau ist nicht so hoch, da kann ich immer locker die Zehner-Rolle übernehmen. Endlich mal wieder. Beim Bier danach übergießen wir uns gegenseitig mit Zweitliga-Wissen. Auch sehr lustig. Außerdem hatte ich im Mai gleich zwei Dates. Eines davon resultierte sogar in einen Länderpunkt Spanien. Leider habe ich seitdem von Maria nichts mehr gehört. Trotz eines sehr freundlichen «Qué pasa?» via WhatsApp.

Ich stelle mein Fahrrad in die lange Reihe links vom Haupteingang und kette es an einen der großen Stahlbügel. Auch meine Chipkarte am Drehkreuz macht, was sie soll. Ich nehme die Treppe Richtung dritter Stock. Ich fürchte, ich bin etwas verschwitzt, als ich im Büro ankomme. Mist. Julia ist schon da und gar nicht verschwitzt. Sondern perfekt sommerfrisch. Ärmelloses Shirt, kurzer Rock, Lippenstift heute mit Tick ins Rosa. Wie schafft sie es, dass das cool und nicht billig aussieht?

«Hola, Amigo», sagt sie. Ich lächle. Sage nichts. Ziehe meine Jacke aus und wische mir mit einer Papierserviette die Stirn trocken.

«Die Sonne Spaniens?», fragt sie. Warum lächelt sie so komisch? Und was soll das Amigo?

«Sí, claro», sage ich.

Auch das zeigt leider keine Wirkung. Julia verschwindet grinsend hinter ihrem Bildschirm.

Ich fahre den Rechner hoch. Und schaue in mein Postfach.

Von:	*Henning von Lintfort*
Betreff:	*Unterstützung McKinsey-Analyse*
Datum:	*17.6.2014 02:51:24 MEZ*
An:	*Lukas Frey*

Das gibt es doch nicht. Der Finanzvorstand schreibt mir eine Mail?

Ah:

Kopie:	*all.konzern.com*

Meine Augen wandern runter zur Mail.

Sehr geehrte Kolleginnen, sehr geehrte Kollegen!

Demnächst wird ein Team von Mitarbeitern der Beratungsfirma McKinsey umfangreiche Recherchen für ihre Analyse zu Workflow-Management, Prozessoptimierung und der Identifizierung von Synergiepotenzialen in unserem Unternehmen durchführen. Dies betrifft grundsätzlich alle Abteilungen!

Bitte unterstützen Sie die Mitarbeiter der Beratungsfirma McKinsey bei ihrer Arbeit und nehmen Sie sich gegebenenfalls die erbetene Zeit für persönliche Interviews, sofern Mitarbeiter der Firma McKinsey auf Sie zukommen sollten!

Zudem verschaffen Sie bitte den Mitarbeitern der Beratungsfirma McKinsey Zugang zu allen Informationen und Daten,
die diese gemäß ihres Auftrags zur Planung und Durch-
führung des anhängigen Restrukturierungsprozesses von
Ihnen erbeten!

Bei Rückfragen wenden Sie sich bitte an Ihre direkten
Vorgesetzten!

Herzlichen Dank für Ihre Unterstützung!

Mit freundlichen Grüßen

Henning von Lintfort, Chief Financial Officer

Danke für die Information. Aber eigentlich wissen wir von Marketing II, New Products das bereits. Unser Bereich ist mit Dr. Meyerbeer und Jan-Phillip in der Hand von Ex-Meckies.

Die nächste Mail ist von Susanne. Ich soll einen Termin mit
einem Sven-Oliver Heidenreich von McKinsey machen. Am besten noch diese Woche. Am besten direkt. Es geht um ein Interview zu den Workflows bei uns im Marketing. Wieso eigentlich
bei uns?

Die Entwicklung ist mit dem Produkt in den letzten beiden
Monaten überraschend gut vorangekommen. Wenn die Rechtsabteilung jetzt die Produkthaftungsthemen relativ schnell vom
Tisch bekommt oder, besser gesagt, wenn die Rechtsabteilung
keine zusätzlichen Produkthaftungsthemen schafft, können wir
das Produkt tatsächlich im Oktober auf den Markt bringen. Auch
wir im Marketing sind jetzt wieder im Zeitplan. Der Marketingplan ist vom Vorstand «final durchgewunken worden», wie Jan-
Phillip es genannt hat. Dr. Meyerbeer hat wohl eine Extra-Por-

tion Lob dafür bekommen, dass wir die Kampagne konsequent crossmedial angehen. Daniel und ich arbeiten jetzt an den Agenturbriefings. Die sollen nach interner Abstimmung noch vor der Sommerpause raus, und ich bin gerade gut dabei, die Vorlage für Jan-Phillip fertigzubekommen.

Für meinen persönlichen Arbeitsfluss wäre es deutlich günstiger, wenn ich mich jetzt nicht mit Workflow-Management beschäftigen müsste. Zumal ich davon ja eigentlich keine Ahnung habe und mich erst einmal ein bisschen informieren müsste. Wie kommen die überhaupt auf mich? Ich bin doch erst neun Monate dabei. Oder gerade deshalb? Und warum haben Berater eigentlich immer Doppel-Vornamen mit Bindestrich?

Ich schicke dem Typen eine Mail, dass ich mich auf das Interview freue. Gerne übernächste Woche. Während ich auf Senden drücke, kommt mir ein Buch in den Sinn, dass mir meine Ex-Freundin geschenkt hat, als ich gerade bei der Agentur angefangen hatte: «Never Check E-Mail In the Morning». Kernaussage: Kommt die Kommunikations-Lawine erst mal ins Rollen, ist der Tag im Arsch. Während ich das Dokument agenturbriefing.xls nach vorne klicke, bereue ich bereits, dass ich diesem Heidenreich in vorauseilendem Gehorsam sofort einen Termin angeboten habe.

Das Telefon klingelt. Eine Nummer aus dem Haus, die ich nicht kenne.

«Lukas Frey.»

«Sven-Oliver Heidenreich. Hallo, Herr Frey, danke für Ihre schnelle Response.»

«Sehr gerne.»

«Ich dachte, ich rufe Sie direkt an, damit wir unsere Agendas sozusagen abgleichen können.»

Ich meine, einen Hamburger Akzent rauszuhören.

«Gerne. Einen Moment, ich mache kurz meinen Kalender auf.»

«Sie schlugen KW 28 vor. Ich fürchte, unsere Study ist eine High-Priority-Actionable. Und ich bin ab nächste Woche extrem tight getaktet.»

«Das heißt?»

«Auch nächste Woche ist sozusagen zu spät. I am sorry.»

Mein Blick fällt auf die Mail von Lintfort. Oder muss man von von Lintfort sagen? Egal. Klar ist: Aussitzen wird diesmal nicht funktionieren. Mir fällt ein, dass Unternehmensberater gerne am Donnerstag heimfliegen. Um freitags im Büro nur zehn Stunden arbeiten zu müssen.

«Wie wäre es mit Freitagnachmittag? Da sähe es gut bei mir aus», frage ich betont freundlich. So freundlich, dass Julia hinter ihrem Bildschirm hervorschaut, den Kopf noch schiefer als nötig stellt und mir ihren What's-wrong-with-you-Blick gibt. Gefolgt von einem kurzen Grinsen. Ich lächle zurück, lege den Zeigefinger auf meine gespitzten Lippen und stelle das Telefon laut.

«I am noch mal sorry. Freitag habe ich mehrere wichtige Tentatives drin», sagt Heidenreich.

«Dann weiß ich auch nicht.»

«Wie wäre es heute direkt nach dem Lunch? Sozusagen 14 Uhr. Da könnte ich was freiräumen.»

Ich überlege, ob ich sage: Da habe ich sozusagen mehrere wichtige Tentatives drin. Die ich leider nicht freiräumen kann. Julia verschwindet hinter ihrem Bildschirm, schreibt etwas auf ein Blatt und hält es hoch: *Lunch is for losers!*

«Ich esse eigentlich nie mittags. Ginge auch 13 bis 14 Uhr?», sage ich.

«Fein mit mir. Ich habe auch nie Lunch. Ich komme dann zu Ihnen ins Office», sagt Heidenreich.

«Gerne. Bis dann.»

«Many thanks. So long», beendet Heidenreich das Gespräch. Ich lege auf.

«Was war das denn?», fragt Julia. «Best of Bullshit?»

Ich zucke mit den Achseln.

«Hast du die Mail von von Lintfort gesehen?»

«Ja.»

«Und warum rufen die mich an und nicht dich?»

«Weil mein Workflow nicht mehr optimierbar ist und ich im Übrigen zum Essen verabredet bin.»

«Loserin! Du kannst doch nur keinen value adden!», schnaube ich. Sie grinst kurz und verschwindet wieder hinter ihrem Bildschirm.

Ich grinse ebenfalls. Auch mal nur kurz, weil mir in diesem Moment die Frage durch den Kopf schießt: Wann soll ich jetzt eigentlich essen? Vor 13 Uhr kann ich nicht in die Kantine. Sonst sieht dieser Heidenreich mich vielleicht, falls er auch gelogen hat. Und nach 14 Uhr hat sie zu. Meine Laune sinkt. Zumal mir gerade klarwird, dass ich mich erst einmal in Sachen Workflow-Management einarbeiten muss.

Die nächsten zwei Stunden verschwinde ich geistig im Firmen-Wiki. Es ist schlecht strukturiert, überholt, und immer wenn man auf eine interessante Frage stößt, fehlt die Antwort. Um 12 Uhr fühle ich mich nur unwesentlich schlauer. Ich hole mir aus der Cafeteria zwei Brötchen an den Schreibtisch. Um zehn vor eins sagt Julia: «Lass dich nicht unterbrechen. Ich gehe mal in die Kantine ablosen.» Die Tür fällt ins Schloss.

Unser Zweier-Büro ist nicht sehr groß. Und auch nicht sehr schön. Es hat den blauen Teppichboden wie überall, die gleichen Deckenleuchten mit den Leuchtstoffröhren. Julia und ich versuchen, das Beste draus zu machen. Indem wir unser Spiel mit der Selbstironie an die Wände bringen. Hinter mir hängt, in einem silberfarbenen Plastik-Rahmen, die Polydor-Schallplatte: «Fußball ist unser Leben – Es singt die deutsche Fußball-Nationalmannschaft für die Fußball-Weltmeisterschaft 1974».

Uli Hoeneß ist ganz dünn darauf und hat die Augen zu. Hinter Julia hängt ein kleines Katzenposter. Ich war gegen Grünpflanzen. Eins zu viel. Auch hier konnte ich mich nicht gegen Julia durchsetzen. Wenn sie morgens ins Büro kommt, sagt sie immer: «Guten Morgen, Schatz», küsst den Gummibaum, «das Original», wie sie ihn nennt, und gibt ihm einen Schluck Wasser aus einer Flasche Absolut-Wodka, die sie zur Gießkanne umfunktioniert hat.

Ich mache die Tür wieder auf, damit dieser Meckie mich direkt findet. Wer hat eigentlich die Abkürzung Meckie für McKinsey-Mitarbeiter erfunden? Ich kenne sie aus dem *manager magazin*, das den Begriff inflationär gebraucht. Shit. Workflow-Optimierung. Ich habe immer noch keine Ahnung. Lustlos klicke ich noch einmal im Wiki rum, frage mich, warum diese angebliche Crowdsourcing-Revolution auch hier nicht liefert beziehungsweise nur Schrott, und höre, wie es am Türrahmen klopft.

Sven-Oliver Heidenreich ist nicht ganz so jung, wie ich ihn mir vorgestellt habe. Vielleicht 27 oder 28. Sein Gesicht ist schwer zu merken. Er trägt, echte Überraschung, einen schwarzen Anzug. Und, noch mal Überraschung, eine Krawatte mit dezentem Karomuster. In der rechten Hand hat Heidenreich eine schmale Aktentasche aus feinem, schwarzem Leder.

Er lächelt. Tatsächlich freundlich.

«Darf ich reinkommen?»

Schon wieder eine Frage, die keine ist. Das scheinen diese Typen verinnerlicht zu haben. Ich stehe auf. Er kommt auf mich zu und hält mir die Hand zum Handschlag hin. Der Händedruck ist fest. Aber gelernt, nicht verinnerlicht.

Was soll ich sagen? Sie müssen der neue Vertriebstrainer sein. Ich traue mich nicht.

Ich sage: «Hi. Kommen Sie rein. Ich bin gespannt, was auf mich zukommt.»

Er stellt die Aktentasche neben meinen Schreibtisch, holt ein silbernes Etui aus der Innentasche seines Jacketts und gibt mir seine Visitenkarte. *Senior Consultant.* Ich frage mich, ob das 200 oder 400 Tausend Euro im Jahr heißt.

Heidenreich schaut sich um. Erst sieht er sich meine WM-1974-Platte an, dann Julias Katzenposter, schließlich Julias halb volle Wodka-Flasche auf der Fensterbank neben dem «Original». Er lacht. Kurz, aber ehrlich.

«Verstehe. Ich bin gar nicht im Marketing, sondern in der Denkmalpflege für deutsche Bürokultur.»

Huch. Schlaue Analytiker sind die ja alle. Aber der auch auf dem Geschäftsfeld Humor.

«Sie müssen der neue Betriebspsychologe sein», sage ich.

Wir lachen beide.

Unser Büro hat knapp 20 Quadratmeter. Wenn man zur Tür reinkommt, stehen links unsere Schreibtische. Rechts vor dem Fenster mit dem Original ist noch Platz für einen kleinen Besprechungstisch mit drei Stühlen. Nachdem Julia zum Essen ist, habe ich noch schnell zwei Bücher dort drapiert. «Buyology – Truth and Lies About Why We Buy» und «In Data We Trust – How Customer Data Is Revolutionising Our Economy.» Wir setzen uns. Zufrieden nehme ich wahr, dass der Berater die Bücher wahrnimmt.

«Danke, dass Sie sich die Zeit nehmen», sagt Heidenreich.

«Ich muss.»

«Ich weiß.»

Wir grinsen beide.

Heidenreich holt einen Fragebogen aus seiner Ledertasche.

«First things first», setzt der Berater an.

State the obvious, denke ich.

«Wie vertraut sind Sie mit dem Issue Workflow-Management?»

«Nicht sehr, wenn ich ehrlich bin.»

«Kennen Sie die grundsätzlichen Ziele von WMS?»

«Äh, wofür steht WMS jetzt?»

Heidenreich macht ein Gesicht, das sagt: Oh, wir müssen wohl etwas grundsätzlicher ansetzen.

«Workflow-Management-System, als Unterkategorie von CSCW.»

Mein Gesicht sagt: ?

«Computer-Supported-Cooperative-Work. Das wichtigste Ziel ist die Verkürzung der Durchlaufzeiten aller Business-Prozesse und die damit verbundene Erhöhung der allgemeinen Produktivität. Der größte Benefit aus Sicht der Mitarbeiter ist die Entlastung von Routine-Tätigkeiten.»

«Ja, das wäre ein Traum», sage ich. Und frage mich: Warum schaffen solche Systeme immer mehr Arbeit als Entlastung?

«Was sind aus Ihrer Sicht wettbewerbsrelevante Geschäftsprozesse, mit denen Sie täglich zu tun haben?»

Ich zucke mit den Schultern.

«Wir entwickeln Marketingstrategien, leiten daraus Marketingpläne ab und koordinieren die Umsetzung durch Dienstleister. Das sind meistens Agenturen und Mediaplaner.»

Heidenreich notiert mit seinem Montblanc-Kuli.

«Welche horizontalen Prozesse müssten ausgegrenzt werden, damit Sie dabei schneller zum Ziel kämen?»

Ich fühle mich vertikal überfordert. Mein Gesicht ist wieder ein Fragezeichen. Heidenreich lächelt. Eher unehrlich, finde ich. Er wartet noch kurz. Und macht dann einen Strich auf das Blatt.

«Wie könnten Mehrfacherfassungen in Ihren Arbeitsabläufen vermieden werden?»

«Wir schreiben oft E-Mails zum gleichen Thema, aber das ist nicht gemeint, oder? Ich erfasse ja keine Kundendaten oder so was», sage ich unsicher.

Heidenreich notiert.

«Welche Ereignisse unterbrechen Ihre täglichen Arbeitsabläufe regelmäßig?»

«E-Mails, Anrufe, Meetings», sage ich wie aus der Pistole geschossen.

Der Montblanc-Stift senkt sich auf den Fragebogen. Ich weiß nicht, warum ich den Satz nachschiebe:

«Und natürlich Zweifel, ob das, was wir hier tun, in irgendeiner Form Sinn ergibt. Und warum ich überhaupt hier bin.»

Heidenreich schaut irritiert vom Fragebogen auf. Er legt den Stift zur Seite. Jetzt sieht er neugierig aus. Ich sage:

«Dieses Interview zum Beispiel. Wir beide wissen, dass es überhaupt keinen Sinn macht, mich über Workflow-Management auszufragen. Ich habe davon keine Ahnung, und es betrifft uns hier im Marketing auch nicht wirklich, weil wir eigentlich keine Routinetätigkeiten haben. Wir sind ja keine Sachbearbeiter für Schadensfälle in einer Versicherung. Und trotzdem verschwenden wir beide unsere Zeit damit.»

Sven-Oliver Heidenreich klappt seinen Fragebogen zu.

Er sagt nichts.

Ich auch nicht.

Soll ich nachlegen? Was passiert, wenn er zu Meyerbeer läuft und sagt: Dieser Frey boykottiert unsere Arbeit?

«Ich weiß», sagt Heidenreich. «Ich mache Ihnen einen Vorschlag. Ich fülle den Fragebogen selbst aus. Das bleibt unter uns. Und es erhöht den Workflow bei uns beiden.»

Coole Sau! Mein Magen entkrampft sich.

«Cool!», sage ich. Und irgendwo aus dem Rückenmark, vielleicht auch aus dem Eidechsen-Hirn, kommt offenbar der Befehl, diesem Beratertypen die Ghetto-Faust anzubieten.

Auch das kapiert der sofort. Und stößt seine rechte Faust an meine.

«Wie wäre es, wenn wir mal was trinken gehen?» Auch diese Frage ist nicht geplant.

Heidenreich zögert. Mir wird klar, dass er dazu eine Grenze überschreiten muss, die bei McKinsey vermutlich keine hohe soziale Erwünschtheit hat, wie es der Ex-Meckie Jan-Phillip Wendenschloss wohl sagen würde.

«Soweit ich weiß, heißt das bei euch Idle-Time», grinse ich.

«Cool!», sagt Heidenreich. «Ich fliege immer donnerstagabends zurück.»

Er holt seinen Blackberry raus und scrollt mit dem Daumen zu seiner Agenda.

«Nächste Woche Mittwoch könnte ich ab circa halb zehn.»

«Tentative oder fix?», frage ich mit langem, ehrlichem Grinsen.

«Fix!»

Ich glaube, den Witz hat er jetzt nicht verstanden.

UP OR OUT! –
Work-Life-Bullshit

Die Bar, in der wir uns treffen, heißt *die bar*. Ich überlege, ob ich noch einmal um den Block gehe, weil ich zu früh dran bin. Und gehe direkt rein. Hinter der Bar steht Ralf. Eigentlich ist Ralf Musiker. Er singt. Mit tiefer Stimme, meist auf Spanisch. Oder auf Texanisch. Ein bisschen wie BossHoss, nur melancholischer.

Ralf stand mal kurz vor einem Plattenvertrag bei Universal Music. Er hatte sehr gute Gespräche mit diversen Leuten auf diversen Ebenen. Mit Leuten, die viel von Musik verstehen. Bis irgendein Plattenmanager das Label «ganz große Kleinkunst» für seine Musik erfand. Und Ralf wieder aus der engeren Auswahl rausgekickt hat.

Ralfs zweites großes Talent sind Drinks. Sein drittes ist Freundlichkeit. Ihm gehört *die bar*. Auf yelp führt sie die Liste der besten Bars mit großem Abstand an. Die Bewertungen sind alle echt. Ralf hat es nicht so mit Computern. Er ist nach wie vor ein Fan des Video-Textes, «das Internet des kleinen Mannes», wie er es nennt. Als er mir das neulich mit gut dosierter Selbstironie erzählt hat, habe ich zu Hause gleich geschaut, ob es den Video-Text wirklich noch gibt. Tatsächlich!

Seit sieben Monaten bin ich in der Stadt. Vom Büro abgesehen, habe ich an keinem Ort mehr Zeit verbracht. Und Ralf gehört zu meinen besten Bekannten. Beziehungsstatus: auf dem Weg zur Freundschaft. *die bar* ist ein länglicher Schlauch. Links vom Eingang darf man rauchen. Dort ist es immer sehr voll. Nach rechts weg raucht man intensiv passiv. An der Theke stehen sieben Barhocker. Neben dem Videotext mag Ralf Zahlenmagie. Zum Geburtstag habe ich ihm deshalb das Buch «Was Sie schon immer über 6 wissen wollten» geschenkt. An den Wänden stehen runtergerockte Leder-Couches, davor runtergerockte Tische und auf denen die besten Cocktails der Stadt. Ralf weiß, was zählt.

Er legt seine Zigarette in den Aschenbecher, beugt sich über den Tresen und schüttelt mir mit beiden Händen die Hand.

«Karte? Oder weißt du?»

Ich setze mich auf einen der sieben Barhocker. Ich habe mir vorgenommen, es langsam angehen zu lassen. Ein Low Rider wäre eine gute Wahl. Ein sehr leichter Pisco Sour. Ich bin unsicher.

«Doch die Karte, bitte.» Ralf lächelt.

Moscow Mule ist dankenswerterweise ja schon wieder durch. Wenn man Cocktails trinkt, sollte es doch auch gut schmecken. Nicht nur gut aussehen. Ich bleibe beim Mint Julep hängen.

«Alles gut bei dir?», fragt Ralf.

«Ja. Ganz gut alles», sage ich. «Ich treffe mich gleich mit einem Unternehmensberater, der bei uns in der Firma den Workflow optimieren soll. Und weil er da bei mir nicht weiterkam, haben wir entschieden, besser einen trinken zu gehen. Trink-Flow sollte besser klappen.»

«Hört sich nach Umsatzoptimierung für mich an», sagt Ralf.

«Pass lieber auf. Der sagt dir gleich, wie ineffizient deine Laufwege hinter der Bar sind.»

«Keine Chance. Bei mir galt schon immer das Minimax-Prinzip: Minimaler Input, maximaler Output.»

«Bullshit», sage ich. «Ihr seid Premium. Hohe Preise, hohe Qualität bei Service und Produkt.»

«Jede Wahrheit braucht einen, der sie ausspricht», sagt Ralf.

«Das behaupten die Meckies auch immer von sich», antworte ich.

«Ich dachte, das ist ihr eigentliches Geschäftsmodell. Entscheidungen bestätigen, für die das Management einen Buhmann braucht.»

«Diese Hypothese questionen wir gleich einmal mit dem Senior.»

«Senior Citizen?»

«Nein, Senior Consultant. Der ist noch sehr jung.»

Wir lachen. Es ist genau halb zehn. Mein Handy in der linken Hosentasche vibriert. SMS von Sven: «Sorry. 15 min late. Komme aus einem Call nicht raus.» Ich zeige die SMS Ralf. Wir lachen wieder.

Genau fünfzehn Minuten später öffnet sich die Tür. Senior Consultant Sven-Oliver Heidenreich scannt den Raum. Ralf nickt ihm freundlich zu. Ich drehe mich zu ihm, winke. Sven erfasst mich. Er kommt zum Tresen.

«Hey.»

«Hey.»

«Jetzt du, oder?»

«Logo. Ich bin Sven.»

«Lukas.»

Ralf kommt näher. Eine Karte in der Hand.

«Einen Whiskey Sour, bitte. Danke Ihnen.»

«Dir», sagt Ralf.

«Sven, Ralf. Ralf, Sven», sage ich. Beide geben sich die Hand.

Vermutlich mag ich *die bar* so gerne, weil man sich hier immer wie auf einer Party mit interessanten Gästen fühlt, von denen man einige kennt und einige nicht. Was auch das erklärte Ziel von Ralf ist. Womit er den Sinn und gesellschaftlichen Mehrwert seiner Arbeit ziemlich konkret beschreiben kann. Was ihn von mir unterscheidet. Genauer gesagt: nicht nur von mir.

«Ich habe es satt, der Blitzableiter zu sein. Oder Eseltreiber. Oder am Ende sogar ein Krankheits-Überträger», sagt Sven. Da steht sein Drink noch nicht einmal vor ihm. Ralf schüttelt ihn gerade.

Oha. Beziehungsweise wow. McKinsey-Berater können auch bei der Selbstanalyse gnadenlos sein. Ich habe zwar eine vage Ahnung, warum Sven ausgerechnet mich als Sparringspartner für die Suche nach mehr «Meaning» ausgesucht hat. So wird er es zumindest nach vier Whiskey Sour nennen. Aber dass er so schnell zum Punkt kommt, hätte ich nicht gedacht.

«Äh, wie meinst du das?», frage ich. Ralf stellt ihm ein Kristallglas mit dezent geschliffenem Karomuster hin. Sven leert die Hälfte in einem Zug.

«Gegenfrage: Was macht ein Berater?»

«Die landläufige Vorstellung wäre: Er berät, weil er sich in bestimmten Dingen besser auskennt.» Ich sehe, wie Ralf mithört. Ich werfe ihm einen kurzen Blick zu. Sven schaut in sein Glas. Und spricht immer lauter:

«Falsch! Er sucht nach Zahlen, die Entscheidungen schlüssig begründen. Damit meine ich Entscheidungen, die das Management bereits getroffen, aber noch nicht verkündet hat. Dabei gibt es zwei Möglichkeiten. Beide sind scheiße. Wenn auch in unterschiedlichem Grad.»

«Nämlich?»

«Option A: Die Entscheidung ist inhaltlich richtig. Aber der Vorstand braucht einen Blitzableiter, an dem sich dann alle Aggression entlädt. Kein gutes Gefühl, aber damit kann man noch leben und denkt sich: Schade, dass der Vorstand kein Rückgrat hat, aber immerhin wird hier nicht grundsätzlich gegen wirtschaftliche Prinzipien verstoßen. Der Berater hat eine Funktion, wenn auch nicht die, für die er offiziell eingekauft wird. Wir kassieren dann im Grunde ein Schmerzensgeld.»

Ralf trocknet im Hintergrund Gläser ab und grinst mich mittellang an.

«Option B?», frage ich.

«Wenn die Entscheidung inhaltlich falsch ist, bekommen wir eine schlüssig klingende Begründung zwar auch immer irgendwie hingebogen. Aber dann sitzt du im Flieger nach Hause und denkst: Warum bezahlt dich einer dafür, dass du einen Scherbenhaufen hinterlässt?» Wir nehmen einen Schluck. «Und außerdem kennen wir uns auch nicht besser aus.»

«Nicht?»

«Nein. Wir haben nur eine ausgeprägte Inkompetenz-Kompensations-Kompetenz.»

«Hche.»

«Wir sind verdammt gut darin, uns schnell in irgendein Thema einzuarbeiten und dann Expertentum zu simulieren.» Er macht sein Glas leer. Ich auch. «Eigentlich sind wir Experten-Darsteller, wenn du so willst. Im positiven Fall leben wir dann von einem Placebo-Effekt.»

«Das heißt?»

«Wenn die Mehrheit in der Firma des Kunden der Meinung ist, das ist eigentlich ganz gut, dass die Berater da sind, und dass unsere Methoden irgendwie helfen, dann bringen Projekte auch was.»

«Beratung in homöopathischer Dosis wirkt», sage ich in mein leeres Glas.

Sven dreht sich zu Ralf.

«Noch einmal das Gleiche, bitte.»

Ich nicke Ralf zu. Sven dreht sich wieder zu mir.

«Noch schlimmer wird es freilich, wenn wir tatsächlich beraten.»

Jetzt werde ich wirklich neugierig.

«Kennst du Reinhard Sprenger?», fragt Sven.

Krass. Auf den beziehen sich wirklich alle. Nicht nur Jan-Phillip und ich.

«Klar. ‹Radikal führen› und so. Der ist doch selbst Unternehmensberater», sage ich.

«Ja, aber auf einer anderen Ebene. Der sagt: Ein Großteil seines Geldes verdient er zurzeit damit, Managern den Quatsch auszureden, den Berater wie wir ihnen eingeredet haben.»

«Interessant.»

«Und logisch. Wenn wir Strategieberater im Haus sind, radikalisieren wir das Polaritätenprofil im Unternehmen, wie Sprenger das nennt.»

«Äh. Will heißen?»

«Wenn wir tatsächlich mal beraten, und eben nicht nur Folien zur Begründung von bereits getroffenen Entscheidungen malen, drängen wir das Management zu radikalen Entscheidungen. Meistens sind das Entscheidungen, die im Einklang mit den gerade gängigen Management-Moden liegen. Wir sagen denen zum Beispiel: Ihr müsst unbedingt eure Abläufe zentralisieren. Das machen die dann mit hohen Kosten. Und das Schöne daran: Wir haben sozusagen den Reparatur-Auftrag gleich mitverkauft.»

Wir trinken beide. Mein Mint Julep ist nicht mehr so leicht wie der erste.

«Drei Jahre später zentralisiert ihr wieder?», frage ich.

Sven nickt langsam. «Neuer Vorstand. Das Wettbewerbsumfeld hat sich geändert. In der *Harvard Business Review* mehren sich die Artikel, dass die Dezentralisierungswelle der letzten Jahre ein Fehler war. Gerade durch die Fortschritte in der IT und der ERP-Software können die Zentralen wieder besser steuern. Was jeder Zentralvorstand gerne hört – und schwupps, sind wir wieder im Haus.»

«Krass. So klar war mir das nicht.»

«Warte ab. Es kommt noch krasser. Im Grunde sind wir Krankheitsüberträger. Wir haben uns ein Methodenset erarbeitet. Und damit das skaliert, müssen wir es bei möglichst vielen Kunden in Einsatz bringen. Schön nach dem Motto: Ich habe hier eine Lösung. Wo ist dein Problem? Ah, hier.»

«Kommt mir irgendwie vom Workflow-Management bekannt vor.»

Wir grinsen beide. Ralf bringt die nächste Runde.

«Wenn irgendeine Methode bei einem Unternehmen mal halbwegs was gebracht hat, verkaufen wir sie an den nächsten Kunden. Unter dem Strich schaffen wir damit Organisationsklone, die für die gleichen Krankheiten anfällig sind.»

«Dabei wissen wir ja seit dem ersten Semester Betriebswirtschaft: Differenciate or die!», sage ich etwas zu laut. Mit dem Satz bin ich bisher immer gut gefahren.

«Aaabsolut!», sagt Sven. Und nickt bedeutungsschwer und leicht wacklig.

Wie hat dieses lange A eigentlich den Weg in absolut alle Meetings gefunden, fragt sich mein angetrunkener Kopf. Und ob Berater auch so etwas wie sprachliche Krankheitsüberträger sind? Sozusagen!

Sven geht pinkeln. Auf dem Rückweg signalisiert er Ralf mit zwei Fingern, dass wir noch sehr durstig sind.

Mit etwas Mühe rutscht er auf den Barhocker und findet sein Gleichgewicht. Sein äußeres. Mit dem inneren sieht es nicht so gut aus.

«Verdammte Scheiße. Wir Berater sind doch nur hochbezahlte Klugscheißer. Und das bei maximaler Verantwortungslosigkeit.»

«Und was folgt daraus?», frage ich.

«Ich muss mein Leben in drei Dimensionen optimieren: Work-Life-Balance, Perspektive und Meaning!»

Ich weiß, was Sven meint. Ich hätte das Problem nur nicht so gut strukturieren können. Ich hätte wohl auch andere Begriffe gewählt.

«Was meinst du mit Meaning genau?», frage ich. Der Begriff läuft mir in letzter Zeit öfter über den Weg.

«Die Antwort auf die Frage nach dem Warum», sagt Sven ohne jede Zeitverzögerung.

Ich brauche etwas Zeit, den Satz zu verarbeiten. Ich schaue einmal rundum. Es ist jetzt kurz nach elf. Der Laden ist jetzt zur Hälfte gefüllt. Aus der Raucherecke nebelt es rüber. Ralf hat ordentlich zu tun. Vermutlich ärgert er sich gerade, dass er keine Aushilfe für den Abend bestellt hat. Nicht einmal einen Spümmler. So heißen hier die Spüler und Sammler von Gläsern. Spümmler dürfen Bier und Softdrinks bringen. Wenn ein Spümmler lange dabei ist, darf er auch Mix-Getränke mit festem Mischungsverhältnis machen. Gin Tonic und so. Cocktails machen natürlich nur die ausgebildeten Keeper. Bei Ralf sitzt jeder Handgriff. Flasche A, Flache B, Flasche C. Eis in den Silberbecher. Deckel drauf. Schütteln. Das richtige Glas aus dem Regal hinter der Theke. Olive auf Spieß. Glas aufs Tablett. Nächster Drink. Da dürfte es selbst der schlauste Meckie mit Workflow-Management schwer haben.

«Und was wäre die Antwort?», frage ich.

Sven grinst erst. Und wird dann ganz ernst.

«Wenn ich das wüsste. Ein Senior-Partner hat mir mal gesagt: ‹Wenn du bei uns bleibst, bereite dich gut auf deine Sinnkrise mit vierzig vor.› Vor der Sinnkrise mit kurz vor dreißig hat er mich leider nicht gewarnt.»

Ich weiß sehr genau, was er meint. Und auch ich kann Namen fallenlassen.

«Kennst du Tammy Erickson?»

«Nein.»

«Die lehrt an der MIT Sloan School of Management, und von der stammt der Satz: ‹Meaning is the New Money.›»

Sven schaut mich verblüfft an.

«Nie gehört. Seltsam. Eigentlich mein Thema.»

«Die hat sich viel mit der Generation Y beschäftigt. Zu der du mit Ende zwanzig ja noch gehörst. Und diese Erickson sagt: Die Generation Y kennt ganz genau ihren Wert. Weil sie so wenige sind.»

Sven nickt. Ralf spült. Ich fahre fort:

«Sie sind oft Einzelkinder, und selbst wenn nicht, haben ihre Eltern ihnen immer gesagt: Du bist toll, du kannst alles erreichen, wenn du an dich glaubst.»

«Kommt mir bekannt vor.»

«Und weil du immer die volle Dröhnung Selbstbewusstsein mit auf den Weg bekommen hast, ziehst du jetzt auch das volle Programm Selbstverwirklichung durch. Viele von euch zumindest.»

«Komisch, wenn das meine Generation ist, warum kenne ich solche Leute dann nicht?» Er starrt einen Moment vor sich hin. «Und warum bin ich nicht so?»

«Du bist doch gerade auf dem Weg dahin, oder?»

Der Satz rutscht mir eigentlich nur so raus. Eigentlich kenne ich Sven nun wirklich nicht gut genug, um zu beurteilen, auf welchem Weg er gerade wohin ist. Aber offenbar habe ich ins Schwarze getroffen. Er sieht wütend aus. Und zerknirscht zugleich. Also jene Form der Aggression, die sich gegen sich selbst und andere gleichzeitig richtet.

«Wenn ein Unternehmen mal durch vier oder fünf Restrukturierungsprozesse gegangen ist, hat es doch den letzten Rest Seele verloren.» Sven macht seinen Whiskey Sour leer. Und stellt das Glas mit etwas zu viel Schwung auf den Tresen. «Ich fürchte, ihr habt keine Ahnung, was wir da wirklich machen. Oder was im Bereich Mergers and Acquisitions gerade so alles abgeht. Zu wessen Gunsten und auf wessen Kosten», lallt Senior Consultant Sven-Oliver Heidenreich. Er schaut mir dabei gerade in die Augen. Dann schaut er weg. Ich fühle mich unwohl. Das merkt er.

«Scheiße, ich rede zu viel. Sorry.»

«Tun wir alle», sage ich.

Wir schweigen.

Ralf spült gerade die silbernen Becher, in denen er die Cocktails mixt. Er stellt sie zum Trocknen auf die Spüle aus gebürstetem Stahl, wischt sich die Hände an einem Geschirrtuch trocken und geht zum Plattenspieler, der am rechten Rand der Theke steht. Am Wochenende legt hier ein DJ auf. Also Leute, die machen, was sie von Herzen lieben. Aber dafür pro Abend hundert Euro bekommen, wovon sie vermutlich kaum die Platten kaufen können, die sie so sehr lieben. Unter der Woche sucht der Chef die Musik selbst aus. Er zieht ein gelbes Cover aus dem Plattenregal mit zwei mexikanisch aussehenden Typen drauf. In der nächsten halben Stunde singen sie dann wunderschön Song für Song irgendwas mit «corazón, corazón».

Ich schaue auf die Uhr. Halb zwei. Versackt. Nicht so schlimm. Einmal pro Woche bekommt mein Körper das hin. Plötzlich wird mir leicht schwindlig. Mir fällt ein, dass heute kein guter Abend zum Versacken ist. Morgen um elf habe ich mein erstes Zielvereinbarungsgespräch mit Jan-Phillip. Ich Idiot. Warum ausgerechnet heute saufen und nicht morgen? Die Frage scheint mir gerade deutlich relevanter als die nach dem Sinn von Leben und Arbeit.

«Ich muss los. Unbedingt», sage ich.

Sven nickt wieder langsam. Er legt einen Hunderter auf den Tresen.

«Heute zahle ich, das nächste Mal du.» Er lächelt. Und lässt sich einen Bewirtungsbeleg mit Steuernummer geben.

Im Unterschied zu mir scheint er mit sich gerade wieder halbwegs im Reinen. Er steht mit einem Ruck auf.

«Up and out!»

Das wäre es, denke ich.

SICHTBARER WERDEN –
Feedback zur Zielvereinbarung

Sechs Uhr fünfzig. Mein Wecker piepst immer zehn Sekunden schrill, bevor das Radio angeht. Mein Kopf. Ich Vollidiot. Doppelt. Bis um halb zwei in Bars rumhängen, wenn man ein Zielvereinbarungsgespräch hat, ist ja schon doof genug. Aber warum habe ich gestern Nacht, als ich um Viertel nach zwei im Bett war, aus Versehen den Sender verstellt? Ausgerechnet auf RTL. Ich habe mich grundsätzlich immer bemüht, ein halbwegs anständiger Mensch zu sein. Womit habe ich es verdient, an so einem Tag von Arno und der Morgencrew geweckt zu werden. Mit ihren Spaßtyrannen-Sprüchen, die offenbar für Leute geschrieben werden, bei denen es im Zahlenraum unter zehn nicht so richtig flüssig läuft. Beziehungsweise von solchen Leuten geschrieben werden. Arno erzählt einen Witz. Das heißt: Er fragt erst, ob einer den schon kennt. Treffen sich eine Banane und eine Zigarette. Im Hintergrund im Studio sagt eine Frau: «Nein, kenn ich nicht.» In meinem Schlafzimmer ist es hell. Ich habe wohl vergessen, den Rollladen runterzulassen. Das hat allerdings einen Vorteil. Ich treffe den Ausschalter vom Radiowecker mit einem Schlag.

Mein Magen ist okay. Mein Kopf, na ja. Zum Glück bin ich nur bei Juleps geblieben und habe nicht auch noch durcheinandergetrunken. Wobei ginbasierte Drinks wohl besser gewesen wären. Gin macht keine Fahne. Der braune Whiskey im Julep schon. Ich Dreifach-Idiot.

Ich gehe in die Küche. Nehme ein Glas aus dem Oberschrank und lasse Leitungswasser reinlaufen. Während ich trinke, frage ich mich, ob Kalk gut gegen Kopfschmerzen ist. Darauf will ich mich nicht verlassen. Ich schlappe ins Bad und nehme zwei Alka-Seltzer aus dem Spiegelschrank über dem Waschbecken. Auf dem Rückweg zur Küche treffe ich eine Entscheidung, die für meine Karriere von großer Tragweite sein könnte. So fühlt es sich zumindest an. Ich werde jetzt diese zwei Alka-Seltzer runterspülen. Und dann dreißig Minuten laufen gehen, um den Restalkohol auszuschwitzen und den Kopf halbwegs freizubekommen. Ich werfe die beiden Brause-Tabletten ins Glas und schaue zu, wie sie sich auflösen. Am Rand bildet sich ein weißer Film. Ich schwenke das Glas, um jedes Pulverteilchen zu erwischen, und trinke es in einem Zug aus.

Ich finde meine Laufschuhe im Flur. Treppen runterjoggen macht mir nicht einmal im Vollbesitz meiner geistigen und körperlichen Kräfte Spaß. Ich nehme den Aufzug. Von meiner Haustür zum großen Park sind es keine zwei Minuten. Es ist noch etwas kühl, aber die Sonne scheint. Ich stecke meine Hörer in die Ohren und suche in meiner Spotify-Playlist nach Paul Kalkbrenner. Dann starte ich meine Runtastic-App. «Icke wieder» setzt ein, mit einem sanften Beat. Ich beginne auf dem Bürgersteig zu traben. Ganz langsam. Meine Knie sind noch leicht zittrig. Im Park fühle ich mich schon besser. Zum Beat gesellt sich eine Melodie, von der ich gar nicht sagen kann, ob sie melancholisch oder fröhlich ist. Der Soundtrack meines Lebens, denke ich.

Ich ziehe das Tempo ganz leicht an. Außer mir ist fast niemand im Park. Hier und da ein anderer Jogger. Auf dem großen Teich jagen sich ein paar Jungenten. Die Bäume stehen im vollen Sommergrün, und der Rosengarten erstrahlt in voller Blüte. Auf einer Bank unter Rosenranken sitzt ein junger Vater mit einem Baby im Tragetuch auf dem Oberkörper und sonnt sich. Ich tippe, dass es die Nacht nicht so gut geschlafen hat und Mama den Papa samt Kind mal in den Park gescheucht hat, um selbst ein Nickerchen zu machen. Was für eine friedliche Stimmung. Gut für einen Werbespot für ein Altersvorsorge-Produkt, denke ich. Oder für einen Wahlwerbespot für die Grünen. Oder für die CDU. Und natürlich viel zu schade für alles davon.

Ich nehme mir vor, öfter vor der Arbeit laufen zu gehen. Auch ohne außergewöhnliche Anlässe, die besondere Maßnahmen erfordern. «Zehn Minuten, eins Komma eins Kilometer», sagt mir die Runtastic-App ins Ohr.

«Du musst im Unternehmen sichtbarer werden», hat Jan-Phillip mir vor zwei Wochen gesagt. «Als kleine Sneak Preview» auf unser heutiges Gespräch, wie er hinzugefügt hat. Das klang eher ermunternd als bedrohlich.

Eigentlich habe ich ziemliches Glück, dass ich das Gespräch mit Jan-Phillip führe. Bis vor zwei Monaten hat Meyerbeer noch alle Halbjahres- und Zielvereinbarungsgespräche geführt, da Jan-Phillip ja selbst erst seit Beginn des Jahres dabei ist. Julia, Sebastian und Daniel mussten die über sich ergehen lassen. Das war schon ganz lustig, als wir mal zu viert zusammen in einem der Schlafzimmer auf der Kaffee-Insel saßen und sie sich über ihre Gespräche ausgetauscht haben. Alle hatten den Eindruck: Meyerbeer muss mal ein Führungskräfte-Training zum Thema Feedback-Gespräche gemacht haben. Bei diesem Training muss er wiederum einiges missverstanden haben. Zum Beispiel die Lektion: Lobe deine Mitarbeiter gleich zu Beginn des Gesprächs.

Bei Meyerbeer fällt dieses Lob dann standardmäßig so aus: «Sie wissen ja selbst, dass Sie ein wertvoller Mitarbeiter sind.»

Julia meint: «Man kann dann in Meyerbeers Gesicht lesen, wie er nach diesem Satz einen Haken hinter das Kästchen Lob macht.»

«Ich glaube, Meyerbeer merkt nicht einmal, wie sehr dieses ‹Sie wissen ja selbst› das Lob vergiftet», wirft Sebastian ein.

Weil man es natürlich nicht weiß, da man ja in der Regel wenig Anlass zu der Annahme hat, ein wertvoller Mitarbeiter zu sein. Denn erstens sagt das ja einem keiner, und zweitens spürst du in einem Großkonzern als einzelner Mitarbeiter nicht, was du mit deiner Arbeit bewirkst, weil du das Ergebnis nicht siehst. Der miese Einstieg ins Gespräch bedeutet allerdings nicht, dass es dann angenehmer würde. Meyerbeer betont: «Alles, was wir jetzt besprechen, ist in keiner Form persönlich.»

Der Park grenzt mit einer Seite an den Zoo. Das ist meine Lieblingsgerade. Wenn ich länger laufe, versuche ich sie mehrmals in die Strecke einzubauen. Rechts von mir wiehert ein Zebra. So laut, dass Paul Kalkbrenner nicht dagegen ankommt. Ich laufe nach wie vor deutlich langsamer als sonst. Aber ich bin im Laufrhythmus. Das Alka-Seltzer wirkt. Erstaunlich, wie schnell es einem bessergehen kann. Und erstaunlich, dass unsere Arbeit und unser Verhältnis zu Meyerbeer in keiner Form persönlich ist. Beziehungsweise er in jener Situation im ganzen Jahr, in der seine geliehene Macht am sichtbarsten ist, gegenüber allen zum Ausdruck bringen möchte: Es geht nicht um dich. Du bist mir als Person egal. Denn er sagt ja: «Es geht nur um die Sache. Um nichts anderes.»

Das Zebra wiehert schon wieder. Natürlich zu Recht. Als ob es bei uns jemals um die Sache geht. Wenn es tatsächlich um die Sache ginge, müsste es ja auch mal Lob geben, wenn die Sache gelingt. Die Sache kommt aber eigentlich nur ins Spiel, wenn etwas nicht gelingt. In Sachen Sache geht es bei Meyerbeer immer nur um den Sachzwang. Mit jeder Abstimmungsschleife kommt ein neuer dazu. Der Sachzwang ist dabei immer größer als der Mitarbeiter.

«Zwanzig Minuten. Zwei Komma drei Kilometer», sagt die Runtastic-App. Ich muss an Sebastian denken. Wie er komplett

niedergeschlagen aus seinem letzten Zielvereinbarungsgespräch kam. Dass er in diesem Jahr den Bonus wieder nicht bekommen hat, ist für ihn eigentlich kein finanzielles Problem.
Viel härter für Sebastian war, wie Meyerbeer im Gesprächs-
Block zur Selbsteinschätzung bei jedem Satz, den Sebastian
sagte, die Augenbrauen höher zog. Sebastian ist ein bescheidener Typ. Der hat ganz bestimmt nicht in einem Anfall von Selbst-
überschätzung auf den Putz gehauen. Schon gar nicht in so
einem Gespräch. Die Bereiche, in denen Sebastian nachweislich
einen guten Job im letzten Jahr gemacht hat, hat Meyerbeer
dann auch schnell zu den Nebenkriegsschauplätzen erklärt. Auf
denen habe sich Sebastian ganz ordentlich engagiert gezeigt.
Aber da, wo er einen hohen Wertbeitrag hätte leisten können:
«Nein, da habe ich von Ihnen nicht viel gesehen.» Meyerbeers
Augenbrauen müssen da bereits auf Deckenhöhe gewesen sein.

Auch Daniel ist interessanterweise nicht so richtig gut wegge-
kommen in seinem letzten Gespräch. Er wollte natürlich nicht
so recht raus mit der Sprache. Aber es müssen wohl Sätze gefallen sein wie: «Wenn Sie ein wirklich wichtiger Spieler im Unternehmen werden wollen, müssen Sie lernen, besser mit Druck
umzugehen.»

Daniel ist dann mit zwei zusätzlichen Projekten aus dem
Gespräch gekommen. «Eigentlich war das kein Zielvereinbarungsgespräch», meinte er. «Eher ein Zielsetzungsgespräch.»
Mist. Darauf könnte es für mich wohl auch rauslaufen. Oder was
meint Jan-Phillip mit «sichtbarer werden»?

Die Erdmännchen scheinen alle in ihren Löchern zu sein. Am
Känguru-Gehege biege ich links ab. Hier werden die Wiesen
nicht gemäht. Man fühlt sich umgehend wie auf dem Land. Ein
Holzschild erklärt, wie Naturwiesen die Insektenvielfalt im urba-
nen Raum erhöhen. Vielleicht sollten die Entscheider im Grün-

flächenamt mal einen Strategie-Workshop machen und neue Ziele definieren, denke ich. Und muss über mich selbst lachen. Wie sehr ich die Denke, äh, die Denkweise von Jan-Phillip schon übernommen habe. Er hat auch vorab gesagt, dass ich bei den Zahlen präziser werden muss. Sonst würde ich zu schnell und zu oft im kurzen Gras stehen. Ich muss wieder innerlich lachen. Wer ist je auf die Idee gekommen, «im kurzen Gras stehen» als Synonym für schlechte Vorbereitung einzuführen? Und warum setzt sich so eine schwachsinnige Formulierung auch noch durch, sodass sie in jedem zweiten Meeting fällt? Am Ende der Naturwiese biege ich wieder nach links.

Die Morgensonne scheint mir direkt ins Gesicht. Ich steigere das Tempo noch einmal bewusst. Damit ich noch einmal richtig schwitze. Normalerweise sprinte ich die letzten drei Minuten. Das erspare ich mir heute. Ich laufe ganz locker aus und stoppe die App vor der Haustür. 29:12 min for 3,6 km. Kein guter Wert, aber darum ging es ja gerade auch nicht. Ich nehme wieder den Aufzug. Zum Glück fahre ich alleine. Vermutlich rieche ich gerade in etwa so gut wie ein Känguru im Beutel.

Die Wohnungstür rutscht mir beim Zumachen aus der Hand und fällt krachend zu. Super. Die Laufklamotten landen im Flur. Die Dusche fühlt sich gut an. So gut wie schon lange nicht mehr. Für einen Kaffee reicht die Zeit nicht mehr. Ich schlinge eine Banane runter und mache die Flasche Mineralwasser leer, die noch auf der Spüle steht. Ich gehe ins Schlafzimmer an den Kleiderschrank. Wieder super. Ganz rechts hängt noch ein gebügeltes weißes Hemd aus der Reinigung. Es wird warm werden heute. Kein Unterhemd. Blaue Jeans. Die Folie vom Hemd runter und das hellblaue Sakko drüber. Diesmal nehme ich die Treppe.

Um zehn nach neun lege ich meine Chipkarte auf den Sensor am Drehkreuz bei der Pforte. Sie tut's! Ganz seltsam. Über Wochen grummelte das Zielvereinbarungsgespräch im Bauch wie ein zu schnell runtergeschlungener Big Mac mit großer Pommes und 0,5 Cola. Jetzt fühle ich mich bereit. Ich kann es ja auch mal anders sehen: So ein Gespräch ist auch immer die Chance, sich zu profilieren. Zu signalisieren: Trainer, ich möchte mehr Einsätze. Und wenn ich meine Chancen bekomme, werde ich auch treffen. Die Fahrstuhltür öffnet sich in der Vierten. Susanne steht direkt vor mir. Sie schaut mich überrascht an. Und leicht besorgt.

«Guten Morgen, Lukas. Gut, dass ich dich treffe.»

«Guten Morgen. Alles gut?»

«Nicht wirklich.»

«Was ist?»

«Dein Termin mit Jan-Phillip fällt aus.»

Ich höre, wie hinter mir die Fahrstuhltür zugeht und die Kabine nach oben surrt.

«Echt. Warum?»

«Meyerbeer ist gestern ins Krankenhaus gekommen und fällt wohl für längere Zeit aus. Jan-Phillip übernimmt kommissarisch seine Funktion.»

«Krass.»

«Heute hat er durchgehend Termine auf E1-Ebene. Und am Freitag muss er zum Marketingvorstand. Da will er sich natürlich sehr gut vorbereiten.»

«Verstehe.»

Ich weiß gar nicht, ob ich jetzt erleichtert sein soll. Und frage mich, was das jetzt für unsere Kampagne bedeutet.

«Alles klar», sage ich. Susanne drückt auf den Aufzugsknopf. Der ganz rechts macht bing. Susanne nickt und ringt sich ein Lächeln ab.

Auf dem Weg zu meinem Büro fällt mir auf: Ich habe gar nicht gefragt, was Meyerbeer hat. Scheißegal. Der hätte das auch nicht gefragt. Unsere Bürotür steht offen. Julia scheint auch gerade erst reingekommen zu sein. Sie gibt dem Original gerade einen Schluck aus der Wodka-Flasche.

«Hey, Deary», sagt sie.

«Hey.»

«Schon gehört?»

«Dass Meyerbeer im Krankenhaus ist?»

«Krankenhaus kann man es wohl auch nennen.»

«Äh, wie meinen?»

«Der Fachbegriff wäre eher Burn-out-Klinik. Alkohol war wohl auch im Spiel.»

Ich stehe mit offenem Mund da. Das Original bekommt noch einen Schluck. Dann hält Julia mir die Wodka-Flasche hin.

«Du siehst nicht aus, als ob du besonders viel geschlafen hättest. Magst du einen Konter-Schnaps?»

WETTERFESTIGKEIT –
Das Risiko der Chance

Dr. Wendenschloss hat in nur sechs Wochen seine Wetterfestigkeit unter Beweis gestellt.» Das hat der Marketingvorstand angeblich genau so gesagt. Und zwar zum CEO. Es ist wirklich erstaunlich, wie sich die Dinge entwickelt haben, seit Meyerbeer weg ist. Manche sagen auch weg vom Fenster. Es heißt, er habe seinen Cortisol-Zyklus wieder im Griff. Was wohl heißt, dass sein Körper nicht mehr so viele Stresshormone ausschüttet. Ich finde das immer noch alles höchst seltsam. Dieser Typ macht uns allen ständig Stress. Und dann haut ihn der Stress vom Stressmachen selbst um.

Wir sehen auch Jan-Phillip nicht mehr allzu oft. Aber immer wenn ich ihm begegne, wirkt er extrem konzentriert. Und gleichzeitig gut gelaunt.

«Ein Pessimist sieht in jeder Chance die Schwierigkeiten. Der Optimist erkennt in jeder Schwierigkeit die Chancen.» Das hat er neulich zu mir zwischen Tür und Angel gesagt. Sicher nicht Nietzsche. Bestimmt Churchill. Mir schoss in dem Moment durch den Kopf: Man muss Chancen auch endlich mal als Risiken wahrnehmen!

Jan-Phillip hat auch gesagt, dass aus seiner Sicht ein Feedback-Gespräch mit mir zum jetzigen Zeitpunkt keine vorrangige Dringlichkeit habe. Weil er mich eigentlich auf einem sehr guten Wege sehe. Und ich ja auch deutlich an Sichtbarkeit gewonnen hätte, seit er mir beim Projekt Crossmedia den Lead übertragen hat. Eigentlich hätte ich lieber das Projekt TV-Kampagne übernommen. Das macht nun Daniel. Shit. Aber Jan-Phillip hat auch noch gesagt: «Um es mal in der Sportlersprache zu sagen: Ich sehe dich als klaren Perspektiv-Spieler.» Dann musste er ins nächste E1er-Meeting.

Der letzte Satz klang in meinem Kopf noch eine Weile nach. Ich stand verloren im Flur rum und fragte mich: Was bedeutet es eigentlich, wenn ein vier Jahre jüngerer Mann zu einem sagt, du bist ein Perspektiv-Spieler? Ist das nicht ziemlich nahe am ewigen Talent, was ja die Mutter des vergifteten Lobs ist? Im Sinne von: «Du hast noch nie eine Chance ausgelassen, eine Chance auszulassen.» Das hat Jens mal zu mir gesagt, die Sau. Ganz falsch ist das natürlich nicht. Aber genau das wird sich jetzt ändern.

An Chancen mangelt es bei uns auf der Etage zurzeit wirklich nicht. Gestern hatte Susanne das Team zum Update mit Jan-Phillip in den kleinen Konfi eingeladen. Die trockenen Kekse. Der dünne Kaffee. Das Sirren der Leuchtstoffröhren. Wie immer. Ich nehme es nur noch 30 Sekunden wahr. Das Sirren meine ich. Maximal. Immer noch kein neuer Konferenztisch. Der Gelbstich auf der Platte wird nicht weniger. Vor knapp neun Monaten saßen wir hier zum ersten Mal mit dem Team zusammen. Jetzt steht Jan-Phillip wieder neben dem Flipchart. Wieder mit einem blauen Edding in der Hand, obwohl er eigentlich gar nicht schreiben will. Und sagt:

«Das Neue ist bereit, in die Welt zu kommen.»

Julia und ich schauen uns an. Ich weiß, dass hinter ihrem freundlichen Lächeln gerade der Gedanke hochpoppt: Definieren Sie bitte «neu». Und wenn nicht der, dann ein ähnlicher.

«Das Ziel dieses Meetings ist es, dass ich euch kurz auf den letzten Stand der Dinge vor Produkt-Launch bringe. Und wir dann die letzten marketingseitigen Schritte finalisieren können. Einverstanden?»

«Sehr gerne», sagt Daniel. Wir anderen nicken.

Jan-Phillip setzt an: «Es ist doch immer wieder erstaunlich, zu beobachten: Arbeit ist wie ein Gas. Sie füllt genau den Raum aus, den sie zur Verfügung hat. Erst gehen die Dinge scheinbar unendlich langsam voran. Und jetzt, mit dem Zeitdruck der letzten Wochen, verdichtet sich alles. Das Produkt ist komplett fertig. Und die noch bessere Nachricht: Es ist auch durch alle Zulassungsverfahren durch.»

Jan-Phillip strahlt uns an. Die meisten von uns wussten das zwar schon. Aber wir tun trotzdem so, als wären wir überrascht. Und glücklich.

«Eigentlich gibt es nur bei der Produktion noch ein paar Themen.»

«Welche?», fragt Daniel.

«Die bekommen den Maschinenpark nicht schnell genug umgestellt. Das kam beim CEO gar nicht gut an. Aber die Welt ist flach. Wir haben einen zuverlässigen Supplier in Slowenien gecontractet. Die Muster sind da, und die Qualität stimmt.»

«Top!», sagt Daniel. Verdammte Hacke. Wann merkt der eigentlich, wie peinlich seine ewige Profilierungsnummer ist?

«Für uns bedeutet das: In genau vier Wochen gehen wir live! Auf allen Kanälen.»

Jetzt ist im Raum die Spannung nicht mehr gespielt. Sebastian, unser in sich ruhender Pol, vibriert mit dem Knie. Julia rutscht auf ihrem Stuhl hin und her. Kaum merklich, aber ich sehe es. Ich konzentriere mich darauf, nicht nervös zu wirken. Was mich eher noch nervöser macht. Jan-Phillip sagt nichts. Er schaut uns an. Genauer gesagt: Er genießt, wie er uns anschaut. Dann sagt er:

«In enger Abstimmung mit dem Marketing-Vorstand habe ich entschieden, dass wir bei diesem Produkt, zum ersten Mal in der Geschichte aller Produkteinführungen des Konzerns, konsequent digital first spielen werden.»

Keiner sagt etwas. Jan-Phillip genießt.

«Das heißt?», fragt Daniel. Jan-Phillip schaut mich an.

«Dass Lukas als Projektverantwortlicher Crossmedia ab sofort im Driver Seat für die Gesamtkampagne ist. Und damit auch verantwortlich für alles Operative in den kommenden drei Monaten.»

Julia grinst mich lange an. Mit ihrem roten Mund.

«Hey, Glückwunsch, Großer», sagt sie. Ich schaue sie an. Da ist keine Ironie beigemischt. Summa cum laude. Ich schaue rüber zu Daniel. Ich sehe Enttäuschung. Und sehr viel unterschwellige Aggression.

Ich weiß nicht genau, wie ich mich jetzt freuen soll. Oder, um ehrlich zu sein, ob ich mich freuen soll. Da ist sie wieder: meine Angst des Schützen beim Elfmeter. Halt. Ich wollte meine Chance. Hier ist sie. Zumal Jan-Phillip auch noch sagt:

«Kommst du nach dem Meeting bitte in mein Büro, Lukas? Ich möchte noch ein paar Details besprechen.» Er nickt sein Danke-euch-das-Meeting-ist-beendet-Nicken. Wir stehen auf. Sebastian klopft mir beim Vorbeigehen auf die Schulter. Susanne sagt: «Sag an, wenn du Unterstützung brauchst.» Daniel ist schon weg. Ich folge Jan-Phillip.

«Mache doch bitte die Tür zu», sagt er in seinem Büro. Das beunruhigt mich etwas. Muss es aber nicht. Das Gespräch dauert keine zehn Minuten. Der Chef wirkt wieder sehr konzentriert und immer noch gut gelaunt. Und gleichzeitig ein wenig abwesend. Er sagt, dass er in den kommenden Wochen wieder stark in diverse Strategie-Projekte auf Top-Management-Level eingebunden ist und wohl auch etwas reisen muss. Aber dass dies ja auch nichts mache. Weil er volles Vertrauen in sein Team hat. Im Allgemeinen, aber eben auch im Besonderen, was in dem Fall in mich hieße. Ich versuche ebenfalls, konzentriert zu wirken. Und gut gelaunt. Es fühlt sich nicht an, als ob mir das wirklich gelingt. Ich wollte mitspielen. Als Stammspieler und am liebsten im Sturm. Und jetzt soll ich die Kapitänsbinde bekommen? Beziehungsweise Spielertrainer werden? Das Gespräch endet mit dem Satz:

«Bitte gib mir einmal pro Woche ein kurzes Update, aber ab jetzt bist du bei der Kampagnenführung am Trigger.»

Jetzt weiß ich zumindest, wie es sich anfühlt, wenn man mit einem dicken Kloß im Hals selbstbewusst lächeln muss. Und «Ich danke dir sehr für dein Vertrauen» sagen muss. Beim zweiten Versuch, nach einem kurzen Huster, klappt das auch.

«Ich glaube, ich habe ein ganz gutes Gefühl für Menschen», sagt Jan-Phillip, während er aufsteht und mir die Tür aufhält. Ich hoffe, er hat recht.

«Danke noch mal», sage ich beim Rausgehen. Und weiß nicht genau, wo ich jetzt hingehen soll. Wieder stehe ich verloren im Gang rum. Zum Glück kommt keiner vorbei. Mein Autopilot leitet mich in Richtung eigenes Büro. Kurz davor drehe ich um und gehe zu Susanne. Sie schaut mich hinter ihrem Schreibtisch an, als ob ich gerade mit einer Schultüte aus meiner ersten Stunde komme.

«Na, wie war es?»

«Äh, was?»

«Dein erstes Meeting als E3er!»

Ich bin komplett verdutzt. So weit habe ich noch gar nicht gedacht. Wirklich nicht!

«Ich fürchte, so weit sind wir noch nicht», wandle ich meinen Gedanken ab.

«Könntest du bitte einen Termin mit dem Chief Creative Director und dem Account Manager unserer Digital-Agentur machen?», sage ich.

«Asap?»

«Asap!»

«Bei uns oder in der Agentur?», fragt Susanne nach. Eigentlich habe ich Lust, mal wieder ein wenig Agentur-Luft zu schnuppern. Rauszukommen hier aus dem Gebäude.

«Bei uns, bitte», sage ich.

«Seit wann kommt der Knochen zum Hund», höre ich Julia hinter mir sagen. Woher weiß sie so oft, was ich denke? Und wie lange steht sie da wohl schon im Türrahmen?

Susanne lacht. Annähernd lautlos. Julia grinst kurz und stellt sich neben mich vor Susannes Schreibtisch.

«Und wo wir gerade dabei sind: Wann treffen wir die Klassik-Agentur?»

«Erst einmal gar nicht», sage ich. «Jan-Phillip und ich haben uns gerade abgestimmt, dass wir noch mehr Budget von Klassik zu Online shiften werden als ursprünglich geplant. Aber das hat er ja auch schon im Team-Meeting gesagt.» Ich fürchte, mein Ton fällt etwas barsch aus. Julia hat in den letzten Wochen ziemlich hart an Print und Außenwerbung gearbeitet. Sie grinst trotzdem.

«Okay. Ich gehöre ja zu denen, die merken, wenn sie überflüssig sind. Wenn ihr mich braucht: Ich bin im Schwimmbad.»

Zum Glück lachen wir jetzt alle drei. Susanne macht ein freundlich gemeintes Raus-hier-Zeichen mit dem linken Daumen und greift zum Hörer. Ich fahre runter zur Kaffeeinsel und hole mir einen Latte. Auf dem Rückweg ist der Fahrstuhl total voll. Mindestens sieben Leute. Ich kenne keinen. Sie machen mir Platz. Ich nicke freundlich mit meinem Latte-Glas in der Hand und überlege, ob ich nicht sagen soll: «Sie fragen sich sicher alle, warum ich dieses Meeting einberufen habe!» Ich verkneife es mir. Aber jetzt habe ich wirklich super Laune.

Zwei Minuten später sitze ich an meinem Rechner. Die Kalendereinladung für «Meeting mit df» ist schon da. Morgen, neun Uhr dreißig. Ort: Agentur digital first. Dazu eine Mail von

Susanne, dass die Agentur-Leute erst nächste Woche Zeit gehabt hätten, zu uns zu kommen. Aber dass sie gleich für morgen noch einen Zwischenslot von einer Stunde bei sich hätten blocken können. Und dass sie dachte, es sei in meinem Sinne, wenn sie beim aktuellen Zeitdruck lieber schnell einen Termin mache und dafür mein Meeting mit Daniel im Anschluss um eine halbe Stunde nach hinten schiebe.

Ich klicke auf accept.

DIGITAL FIRST –
Von Google lernen heißt siegen lernen

Am weiß-grün gekachelten Eingang der Alten Lederhöfe muss ich noch einmal schauen, welchen Aufgang ich nehmen muss. Mein Blick wandert die Metallschilder runter. Die meisten Firmen-Namen enden auf .com oder .de. Ich kenne keinen einzigen. Dritter Hof, Aufgang 7b, 5. Etage steht auf dem Schild von digital first. Eigentlich kein schlechter Name für eine Agentur, denke ich. Zumindest solange sich digital first noch neu anhört. Und noch nicht die nächste Trend-Vokabel-Sau durchs Dorf getrieben wird. Auf dem Schild steht auch noch der Agentur-Claim: connecting one to one.

Wie der Name sagt: Die Alten Lederhöfe sind eine alte Lederfabrik. Sie muss riesig gewesen sein. Ich gehe durch zwei weitere weiß-grün gekachelte Torbögen in den dritten Hof. Und schaue nach oben. Auch die Fassade ist gekachelt, bis oben in den fünften Stock. Es gibt einen alten Lastenaufzug, den man nur mit Schlüssel benutzen kann. Toll. Ich stapfe die ausgelatschten Betontreppen hoch und stelle mir vor, wie hier früher Zwölfjährige Lederbündel hoch- und runtergeschleppt haben. Und ich frage mich, warum wir eigentlich alle so verdammt viel auf so verdammt hohem Niveau über unsere Jobs jammern. Die Stahltür ganz oben steht offen. Ich klopfe an den Rahmen, eher aus Gewohnheit, und gehe rein. Ich weiß ja, dass mich erst einmal keiner beachten wird.

digital first belegt die ganze Etage. Mindestens 800 Quadratmeter. An beiden Seiten des Raums gibt es eine Front mit hohen Industrie-Kassettenfenstern, aufgeteilt in jeweils neun Quadrate. Man könnte mit Fingerfarben wunderbar Tic-Tac-Toe spielen.

Aber dazu hat von den rund 70 Leuten an den langen, weißen Tischen im Raum offenkundig keiner Zeit. Fast alle haben Kopfhörer auf und schauen auf die Bildschirme vor ihnen. 70 Apple-Tastaturen sind ganz schön leise, denke ich. Und mache mich auf den Weg zu dem Glaskasten ganz hinten, wo die Meeting-Räume und Chefbüros sind.

Auf halbem Weg sehe ich, wie Johannes Hamm, der Chief Creative Director, hinter einer Glaswand aufspringt, das Handy am Ohr. Er winkt zunächst mir mit großer Geste zu. Dann bedeutet er seiner Assistentin im Glaskasten daneben mit noch größerer Geste, sich gefälligst um mich zu kümmern. Sie ist hübsch. Sehr hübsch. Rote Korkenzieherlocken. Das gibt es also nicht nur im Film. Sie kommt sehr schnell auf mich zugelaufen.

«Hallo, Herr Frey. Schön, dass Sie da sind. Hat Ihnen noch niemand einen Kaffee angeboten?»

Wenn ich eines nicht möchte, dann, mit diesem Wesen ein Gespräch mit Nein zu beginnen. Schon gar nicht in einer Agentur, deren Claim connecting one to one ist.

«Hallo», sage ich. Ich lächle selbstbewusst. Sie auch. Leider wechselt sie dann abrupt das Thema.

«Herr Hamm und Herr Kartheuser sind gleich bei Ihnen. Mögen Sie ablegen?»

Warum sagt eine Frau, die so aussieht, das Wort ablegen? Shit, das an ihrem Finger scheint ein Ehering zu sein. Agentur ist auch nicht mehr das, was es einmal war. Ich folge ihr in den Konferenzraum.

In den großen Tisch, weißer Klarlack, wie die langen Kollektivschreibtische, ist ein iPad eingebaut. Auf der gegenüberliegenden Seite hängt ein riesiger Flatscreen an der Wand.

«Bitte», sagt sie, hält die Tür auf, lächelt noch einmal kurz und geht wieder in ihren Glaskasten. Ich überlege, wo ich meine Jacke ablegen kann. Ich entscheide mich für die Stuhllehne und setze mich mit dem Gesicht zur Tür. Kaffee steht keiner auf dem Tisch. Ich krame meine Unterlagen aus meiner Umhängetasche und breite sie vor mir aus. So breit es geht. Ich habe ja kein Auto. Also auch keinen Autoschlüssel. Ich überlege, ob ich die Car2go-Chipkarte irgendwie sinnvoll drapieren kann.

Johannes Hamm und Vincent Kartheuser kommen mit Tempo zur Tür rein. Hamm trägt ein schwarzes Hemd unter schwarzem Cordsakko. Kartheuser einen hellgrauen Anzug. Hamm ist ungefähr so alt wie ich. Kartheuser schätze ich auf Ende zwanzig. Beide sind schlaue Typen. Keine Schwätzer, zumindest nicht, wenn man den Branchendurchschnitt im Dialogmarketing in Relation setzt. Wir schütteln die Hände.

«So langsam wird es ernst», sage ich. Und bemühe mich, nicht zu ernst dabei zu klingen.

«Genau. Und wir sind gut aufgestellt», sagt Hamm.

«Wir können mit der Kampagne sozusagen von heute auf morgen live gehen», sekundiert Kartheuser.

«Was heißt sozusagen?», frage ich.

«Es fehlt noch die Einbindung des Contents, vor allem der TV-Ads», sagt Hamm. «Aber wir haben ausreichend Media dafür geblockt.»

Er schaut sich um. Offenbar sucht auch er nach Kaffee. Als er keinen findet, wendet er sich wieder zu mir.

«Aber offen gesagt: Beim Bewegtbild-Content ist Ihr Unternehmen noch in der Bringschuld. Das können wir erst machen, wenn die TV-Ads vorliegen und Sie entschieden haben, wie viel Budget wir haben, um Sie auf Seiten mit hohem Zielgruppen-Traffic auszuspielen.»

Da hat er recht. Leider. Mir fällt auf die Schnelle auch nicht ein, wie ich den Schwarzen Peter zurück an die Agentur spielen kann.

«Lassen Sie uns doch bitte alles noch einmal systematisch

durchgehen. Entlang der klassischen customer journey», sage ich.

«Gern.»

Hamm streichelt das iPad im Tisch. Der Flatscreen springt an, und wir sind direkt auf dem Übersichts-Chart zur Kampagne. Mist, die sind besser vorbereitet als ich. Wenn die Agentur versagt, fällt es diesmal auf mich zurück.

Das Chart zeigt einen klassischen Sales Funnel mit den vier Stufen zur Kaufentscheidung. Und daneben die konkreten Aktivitäten, die wir in den ersten Runden bereits abgestimmt hatten.

What Happens in Your Sales Funnel?

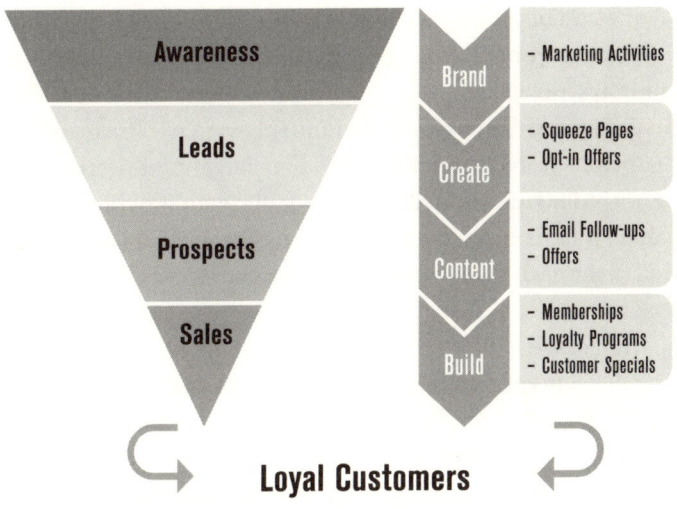

«Bei der Brand-Awareness müssen wir uns bei der Dachmarke der Konzern AG keine Sorgen machen. Eher mit den Marken-Sympathie-Werten», setzt Johannes Hamm an.

«Konsens», sage ich nickend.

«Völlig unabhängig davon, wie viele Branding-Spill-over-Effekte wir aus Klassik bekommen: Wir werden auch mit reinen Online-Branding-Maßnahmen weit kommen. Sie kennen unsere Empfehlung!»

Ich nicke.

«TV-Spots halbieren. Auf Print und Radio ganz verzichten. Alle frei werdenden Budgets in Display-Werbung, AdWords und Social Media», wiederholt Kartheuser zur Sicherheit.

Ich nicke immer noch und sage: «Das ist bei uns inzwischen ebenfalls Konsens.»

«Sehr fein», sagt Hamm. «Dann gehen wir also wie folgt vor: Wir binden die TV-Ads als Content großflächig in die Banner auf allen wichtigen Nachrichten- und Lifestyle-Plattformen ein, allen voran bild.de, SPON und gala.de.»

Sehr gut. Vorstandsbuchungen. Dann sieht das auch die Frau vom CEO, denke ich.

«Zusätzlich füttern wir sie bei YouTube als Prerolls ein, gemäß der bereits festgelegten Keywords und Targeting-Kriterien. Wobei da ja der große Vorteil ist, dass wir die Prerolls bei Google nur zahlen müssen, wenn der Nutzer den Clip auch zu Ende schaut und nicht nach spätestens zehn Sekunden wegklickt», sagt Kartheuser.

Ich nicke.

«Gleiches gilt natürlich für die AdWords, nur umgekehrt natürlich. Da haben wir Cost-per-Click-Verfahren. Aber sie kennen ja die Click-Raten für Google-Werbung, wenn der Nutzer seine Suche mit commercial intent startet», fährt Hamm fort.

Ich kenne sie natürlich nicht. Ich nicke.

«Weit im zweistelligen Prozentbereich.»

Ich nicke.

Er nimmt den Laser-Pointer, der neben der Tastatur liegt, und kreist mit dem roten Punkt um den Begriff Leads.

«Hier auf den mittleren Ebenen der customer journey werden wir natürlich stark mit Preis-Suchmaschinen-Optimierung arbeiten. Und auch mit Targeting und Retargeting. Ein Großteil auf Real-time-bidding-Basis.»

Den Begriff habe ich noch nie gehört. Und bei Targeting muss ich ja immer an den Wal-Mart-Case mit dem schwangeren 16-Jährigen High-School-Mädchen denken, das Walmart mit Werbung für Baby-Klamotten überschüttet hat. Sodass die Bible-Belt-Eltern, also die Großeltern in spe, das frühzeitig mitbekommen haben. Und es dann selbst in Amerika einen Riesenaufschrei in Sachen Datenschutz und Umgang mit sensiblen Kundendaten und Privatsphäre gab. Woraus die Walmart-Marketers den praktischen Schluss gezogen haben, schwangere 16-Jährige nicht nur mit Baby-Werbung zu überschütten, sondern zusätzlich auch noch mit Rasenmäher-Werbung. Sodass nicht mehr so auffällt, wie gut Targeting heute funktioniert.

Ich nicke.

«Je mehr heiße Leads wir generieren», fährt Hamm fort, «desto konkreter werden wir auf dem Level Prospects. Da wird dann auf jeder ausgespielten Ad das Produkt einen Preis-Tag und eine direkte Verlinkung zum Online-Shop der Konzern AG haben. Zusätzlich haben wir eine Reihe Affiliate-Programme eingetütet. Mit Schwerpunkt auf Coupon-basiertes Retargeting. Das wird Win-win für beide Seiten. Aber auch E-Mail-Marketing würden wir, wenn Sie dafür das Go geben, auf keinen Fall vernachlässigen. Dann kämen wir zu Win-win-win.»

Ich habe, ehrlich gesagt, den Faden verloren. Ich nicke.

«Das gleiche Profiling, mit gleichen Targeting-Kriterien, können wir natürlich bei Facebook machen. Allerdings haben wir da ein größeres Problem.»

Ich nicke weiter. Etwas heftiger. Hamm und Kartheuser schauen mich irritiert an. Ich schüttle schnell den Kopf.

«Welches Problem meinen Sie genau?», frage ich.

«Dass wir in Sachen Community auf nichts aufbauen können.» Hamm nimmt wieder seinen Laser-Pointer und zirkelt um den Begriff Loyal Customers.

«Natürlich gibt es die bei einer Traditionsmarke wie Ihrer. Aber wir kennen sie nicht. Es gibt ja bis dato keine einzige Seite, wo Fans aktiv in Dialog mit der Marke treten können. Bis auf den rudimentären Facebook-Auftritt, den wir vor zwei Wochen angelegt haben. Und der hat bis heute 27 Likes. Die haben wir mal mit Geotagging lokalisiert. Die meisten kommen wohl direkt aus Ihrem Haus.»

Ich fürchte, ich muss wieder nicken. Diesmal etwas langsamer.

«Auch ein Abgleich mit Daten von Deutschland-Card oder Payback-Card hat nie stattgefunden. Genau das wäre aber für uns jetzt sehr wertvoll. Denn dann könnten wir Cookies mit soziodemografischen Daten aggregieren und die Kampagne vor allem geografisch deutlich präziser aussteuern. Das würde uns mit Sicherheit bei allen Push-Themen in Richtung Direct Sales extrem helfen. Und im Nachgang auch die quantitativen ROMI-Berechnungen stützen.»

«Äh, ROMI heißt noch mal?»

Hamm und Kartheuser werfen sich einen leicht arroganten Blick zu.

«Return on Marketing Investment.»

Mein Kopf steht still. Äußerlich. Innerlich dreht er sich ziemlich schnell um die eigene Achse. Das hört sich alles gar nicht gut an. Oder nur komplex? Entgleitet mir da gerade was? Was ja eigentlich nicht sein kann. Ich kenne doch das Spiel, das die da gerade spielen, von der anderen Seite. Dummerweise scheinen die es noch besser zu spielen als mein alter Chef in der Agentur. Und mir fehlt die Spielpraxis. Ich rette mich mit:

«Das heißt?»

«Das heißt, dass es höchste Zeit ist, die eigentliche Chance des digitalen Marketings zu nutzen. Den Rückkanal aufzumachen. Und wirklich in Dialog mit dem Kunden zu treten. Und das eben nicht nur zu behaupten.»

Mein Kopf dreht sich immer noch. Ich reibe meine Handflächen an meinem Gesicht. Das bringt etwas Zeit zum Nachdenken.

«Klar. Dieser Schritt steht auch bei uns jetzt an. Ich kämpfe jeden Tag für die nötigen Budgets.»

Ich verschränke die Arme vor dem Oberkörper. Moment. Warum muss ich mich jetzt eigentlich rechtfertigen? Die sind die Agentur, ich der Kunde. Ich habe das Check-Buch, sie wollen den Check. Vielleicht sollten die einmal den Rückkanal aufmachen und sich ein wenig in Kundenorientierung üben. Ich bin am Trigger, hat Jan-Phillip gesagt. Ich schaue auf die Uhr. Wir haben noch eine halbe Stunde.

«Gibt es noch etwas sehr Wichtiges? Falls nicht, würde ich Sie bitten, mir bis Montag die Ergebnisse dieses Meetings noch einmal konsolidiert zukommen zu lassen. Bitte inklusive konkreten Vorschlägen, wie viel Budget wir genau in welche Marketing-Maßnahme auf welcher Stufe der customer journey einsetzen sollten. Bis Ende kommender Woche würde ich Sie bitten, einen Vorschlag für Community-Building-Maßnahmen zu machen. Dr. Wendenschloss und ich werden dann sehr zeitnah entscheiden, ob wir dies dann noch vor Produkt-Launch angehen. Oder erst in Phase zwei. Also nach aktuellem Stand im Kampagnenplan ab Januar kommenden Jahres.»

Die Stimmung im Raum dreht sich von einer auf die andere Sekunde. Johannes Hamm und Vincent Kartheuser nicken kundenorientiert. So fühlt sich also geliehene Macht an, denke ich. Ich schiebe meine Unterlagen, in die ich kein einziges Mal reingeschaut habe, zusammen und stehe auf. Ich brauche eine Ledermappe wie mein neuer Kumpel Sven-Oliver Heidenreich. Ich nicke den beiden noch einmal aufmunternd zu und frage:

«Kennen Sie die Webseite von Schwarzkopf? Dem Shampoo-Hersteller?»

Beide schütteln den Kopf. Sehr gut.

«Da gibt es keine Haarpflege-Produkte zu sehen. Sondern nur Frisuren-Tipps. Weil die Schwarzkopf-Leute verstanden haben, dass sich nun mal niemand für Haargel interessiert, sondern nur für Stylings. Die Markenbotschaften werden dann total im Hintergrund transportiert.»

Ich ziehe meine Jacke an.

«In diese Richtung könnten auch wir beim Community-Building denken.»

Beide nicken synchron. Und schauen mir leicht konsterniert hinterher. Auch das fühlt sich gut an.

Ich beeile mich beim Händeschütteln. Beim Rausgehen beachtet mich wieder niemand. Wo ist eigentlich diese Assistentin mit den Korkenzieher-Locken? Im Treppenhaus gehe ich in Gedanken noch einmal den Sales-Funnel durch. Unten habe ich keine Lust mehr auf die Details. Wofür gibt es Agenturen?

Ich atme durch, gehe in den Hof und überlege, ob ich mit dem Taxi zurückfahre. Ich bin nicht sicher, ob ich das darf. Allerdings habe ich durch meinen abrupten Aufbruch ja jetzt eh noch jede Menge Zeit. Das Meeting mit Daniel wieder vorzuziehen kommt nicht in Frage. Auf dem Weg zur S-Bahn komme ich an einem Kiosk vorbei. Ich sehe ein weißes Zeitschriften-Cover, auf dem steht: «Kauf, Du Arsch!» Unterzeile: «Die Kunst der Verführung». Die neue brand eins hat den Schwerpunkt Marketing. Ich kaufe die Ausgabe und blättere. Ich stoße auf einen Artikel mit dem Titel: «Die kurzen Arme der Datenkraken. Warum digitales Marketing lange nicht so gut funktioniert wie behauptet».

Das gefällt mir gar nicht. Der Zug kommt.

In der S-Bahn erfahre ich dann: Datenbasiertes Marketing kämpft gegen drei große Trends. Erstens nutzen Verbraucher immer mehr unterschiedliche Endgeräte. Ich zähle meine eigenen durch: Laptop, Smartphone, Tablet und Büro-PC. Damit werden potenzielle Kunden für die Digitalwerber immer schwerer fassbar. Gleichzeitig steigt die Quote der Leute kontinuierlich, die regelmäßig ihre Cookies löschen. Unter anderem wegen der NSA-Affäre. Ein Großteil der Online-Marketing-Techniken funktioniert aber nur, wenn Cookies den Nutzer auf seiner Reise durchs Netz begleiten. Logo. Die größte Stolperfalle für das digitale Marketing sind laut Artikel allerdings die Smartphones. Immer mehr Nutzer surfen unterwegs. Aber leider sind die kleinen Bildschirme der Telefone für Werbebotschaften nun einmal ungefähr so geeignet wie Litfaß-Säulen für das Dialog-Marketing. Auch das leuchtet leider ein. Ich überlege, wie oft ich schon mit meinen dicken Fingern aus Versehen auf Mobile-Werbung getippt habe. Und dann die Marke verflucht habe.

Noch eine Station bis zum Konzern. Ich packe das Heft weg. Ich überlege, ob ich das digital-first-Fass noch einmal grundsätzlich bei Jan-Phillip aufmachen soll. Zumal unsere Kunden ja definitiv nicht besonders online-affin sind, auch wenn wir Marketers das natürlich gerne hätten. Sondern eher klassische Couch-Kartoffeln, die sich gerne berieseln lassen. Und denen man bei dieser Gelegenheit bestens ein paar Werbebotschaften unterjubeln kann.

Beim Aussteigen schaue ich kurz auf meinen Blackberry. Eine Mail von Jan-Phillip. Markiert als sehr dringend. Er schreibt:

«Product Launch auf Mitte November verschoben. Bitte vorerst keine weiteren Werbe-Budgets freigeben.»

Umso besser, denke ich. Dann kann ich mit ihm in Ruhe diskutieren, wie viel Klassik wir in digital first unterkriegen.

SHAREHOLDER-VALUE ADDEN –
Die synergetische China-Strategie

Es ist Sonntagabend. Die meisten meiner Kollegen schauen jetzt Tatort. Sogar viele unter sechzig. Ich habe nie verstanden, warum Krimi-Klischees, kombiniert mit Regional-Klischees, massenhaftes Suchtverhalten auslösen können. Am stimmigsten scheint mir noch die Erklärung: Die Deutschen haben sich in einer kollektiven Selbstverachtungsaktion auf Tatort-Konsum geeinigt, weil sie Sonntag-Abende so schwer ertragen können. Und damit sie am Montagmorgen im Büro der inneren Leere wenigstens ein gemeinsames Gesprächsthema entgegensetzen können, das nichts mit ihrem Job zu tun hat. So tief bin ich noch nicht gesunken. Da mache ich nicht mit. Seit zwei Wochen habe ich das kostenlose Probeabo bei Watchever.

Seit der letzten Runde Abmahnwellen von auf Arschloch-Aktionen spezialisierten Anwalts-Kanzleien sind mir die diversen Videostreaming-Plattformen ein bisschen zu gefährlich geworden. Es wäre natürlich schön, wenn man auch mal die aktuellen US-Serien legal bei einem deutschen Anbieter bekäme. Vielleicht sogar in Original-Version. Aber die vierte Staffel von «The Big Bang Theory» auf Deutsch ist natürlich immer noch sehr viel besser als Kommissar Lannert im Stuttgarter Rotlichtmilieu. Wenn Karikaturen, dann bitte ironisch gebrochen.

Auf meinem neuen Samsung-Smart-TV besprechen die vier Voll-Nerds aus «Big Bang Theory» gerade mal wieder, wie sie theoretisch Frauen kennenlernen könnten. In der Mathematik soll heute ja ein mittelschweres Asperger-Syndrom karrierefördernd sein. Mit einem Ohr und Auge verfolge ich, wie die vier

Post-Doktoranden trotz beziehungsweise wegen ihres hohen Reflexions-Niveaus wieder keine abbekommen. Gleichzeitig checke ich die Mails vom Wochenende.

Eigentlich habe ich mir fest vorgenommen, das von Freitag 19 bis Montag 9 Uhr zu unterlassen. Aber was soll's. Ein bisschen Gedanken sortieren für die nächste Woche kann nicht schaden. Ich sitze auf meinem Poäng. Ikea-Freischwinger, Buchefurnier mit weißem Polster und Fußhocker, um genau zu sein. Eigentlich hat Poäng den Namen «das Original» verdient. Sehr hässlich, sehr bequem. Auf meinen Knien liegt mein Android-Tablet, das es zu meiner neuen Kamera gratis dazugab.

Keine neuen Mails. Keine beruflichen zumindest. Meine Cousine Andrea aus Washington hat mir geschrieben. Sie arbeitet seit zwanzig Jahren als SAP-Consultant in den USA. In den ersten zehn Jahren war sie viel für Schulungen von Nutzern unterwegs. Seit ein paar Jahren hat sie auf eine Zwei-Drittel-Stelle reduziert und arbeitet fast ausschließlich im Home Office. Sie wird dieses Jahr fünfzig. Ihr jüngster Sohn kommt nächsten Sommer aufs College. Andrea schreibt, dass sie und ihr Freund Greg jetzt ein Haus in Boulder, Colorado, suchen. Weil sie beide entschieden haben, dass sie ihrer Outdoor-Leidenschaft deutlich mehr Raum in ihrem Leben geben wollen. Greg brauche als selbständiger IT-Berater ja auch nur einen Flughafen in der Nähe, und nach Denver seien es nicht mal 45 Minuten. Ich google Bilder von Boulder. Ich sehe eine Luftaufnahme von einem hübschen kleinen Städtchen am Fuße der Rocky Mountains.

Andrea schreibt, dass sie gerade zwei Wochen in Denver waren und morgens immer Ski gelaufen sind. Und dass es fast jede Nacht Neuschnee gab. Mittags waren sie und Greg mit Maklern unterwegs und haben auf Anhieb vier oder fünf Optionen zu sehr vernünftigen Preisen gefunden. Sie rechnen jetzt durch, ob es besser ist, das Haus in Washington zu vermieten oder es zu verkaufen. Aber so oder so: Spätestens im August kommenden Jahres werden sie die Möbelpacker bestellen. Ich bin neidisch. Und gleichzeitig freue ich mich sehr für sie. Genau das schreibe ich ihr. Und im PS: «Das ist der große Bruder der kleinen Flucht am Wochenende, oder?» Mit Zwinker-Smiley.

Dann gehe ich noch mal im Schnelldurchgang die Mails der letzten Woche durch. Eigentlich ist es gerade erstaunlich ruhig. Besonders wenn man bedenkt, dass wir Anfang nächsten Jahres, wie es in Jan-Phillips letzter Rundmail dazu hieß, das Produkt auf den Markt bringen wollen. Diesmal angeblich wirklich. digital first hat in den letzten Wochen gute Arbeit geleistet. Die Vorschläge zum Aufbau einer eigenen Community um das Produkt herum sind stimmig und auch nicht allzu teuer. «Value for money», hat Jan-Phillip es genannt. Am Mittwoch will er in Abstimmung mit dem Marketing-Vorstand entscheiden, wie wir jetzt die Budgets genau allozieren. Äh, allokieren. Meine Vorlage kam gut an. Jan-Phillip hat auch noch mal betont, dass es ihm gut gefalle, wie ich die Agentur handle.

Dass wir TV und Print nicht völlig über Bord werfen, hätte ich mir ja eigentlich auch selbst denken können. Auch der CEO möchte schließlich, dass seine Frau weiß, dass er in einem Konzern arbeitet, der sich Fernseh-Werbung leisten kann. Und eine Doppelseite in der *Brigitte*. Sodass zumindest unser Konzern online eigentlich gar keine Vorstandsbuchungen machen kann. Der CEO lässt sich seine Mails schließlich auch noch ausdrucken. Heißt es zumindest. Da fällt mir ein: Was ist eigentlich mit dem voraussichtlichen Gewinner der aktuellen The-next-CEO-Staffel? Von Sven-Oliver «The Meck» Heidenreich habe ich schon seit zwei Wochen nichts mehr gehört. Ich bin nicht mal sicher, ob er noch bei uns im Haus ist.

Ich suche die letzte Mail von ihm und klicke auf Reply:

Sir,

wie schaut's bei dir? Wir wollten doch mal wieder einen trinken gehen. Es muss ja nicht wieder halb zwei werden.

Ich öffne den Kalender, um zu schauen, wann ich wichtige Termine habe.

Nächste Woche gingen bei mir Mittwoch und Donnerstag gut. Gerne wieder die bar. Zeit und Lust?
Herzlich
If

Ich drücke auf Senden. Drei Sekunden später kommt eine Abwesenheitsnotiz zurück.

Dear sender,
Thank you for your mail. I am travelling to China with limited access to my e-mail. Please excuse if I am not able to reply immediately.
Thank you for your understanding.
Best regards,
Dr. Sven-Oliver Heidenreich, Senior Consultant

Schade. Da haut der Typ einfach ab, ohne ein Wort zu sagen. Was auf der anderen Seite in der Natur der Sache liegt. Oder in der Natur eines Beraters. The name of the game, würde Sven vermutlich jetzt sagen.

In «The Big Bang Theory» geht es gerade um die Frage, welche genetischen Veränderungen man vornehmen müsste, damit ein Goldfisch phosphoresziert. Ich bin mir sicher, dass der Gag einen realen Hintergrund hat. Im Unterschied zu der immer

wiederkehrenden Tatortszene, in denen einer der Dialekt spre-
chenden Kommissare seinen Finger in weißes Pulver tippt, es
ableckt und dann mit ernstem Gesicht zu seinem Assistenten
sagt: «Ja, das ist Kokain.» Nein, du Idiot, das war Rattengift. Viel
Spaß beim Magenauspumpen. Ich tippe Goldfisch und Phos-
phor in das Suchfenster bei Google. Doch in dem Moment
kommt eine Mail von Sven-Oliver. Von seinem privaten Account.

Hi, Lukas,
sorry, bin gerade in Shenzhen. Das wird leider nix mit dieser
Woche. Aber wir werden nächstes Jahr noch länger bei euch im
Haus sein. So viel darf ich wohl verraten. Ich als dein Anwalt
empfehle dir übrigens dringend, morgen früh das *Handelsblatt*
zu kaufen.
Cheers
SOH

Nichts ist heute älter als die Zeitung von morgen, denke ich. Ich
gehe auf handelsblatt.de. Von Poäng kann man bauartbedingt
nicht fallen. Hässlich, aber sicher. Das ist gut in diesem Moment.
Denn die Topmeldung lautet: «Jituan Corp. übernimmt Konzern AG».

Im Teaser-Text lese ich: «Die Übernahme zahlreicher Mittel-
ständler durch chinesische Investoren war nur der Anfang. Erst-
mals greift ein chinesischer Konzern nach einem deutschen.
Stellenabbau an deutschen Standorten wahrscheinlich.»

Ich muss mich erst sammeln, bevor ich auf *mehr* klicke.

«Die börsennotierte Konzern AG steht unmittelbar vor einer
Übernahme durch den chinesischen Mischkonzern Jituan
Corp. mit Hauptsitz im südchinesischen Shenzhen (Provinz
Guangdong). Das erfuhr das Handelsblatt aus dem Umfeld

der Mehrheitseigentümer der Konzern AG. Den Quellen zufolge haben sich die Vertreter der deutschen Aktionäre und die chinesischen Investoren in ungewöhnlich kurzer Zeit auf einen Verkaufspreis von 60 Euro pro Stammkapitalaktie geeinigt. Der Verkaufspreis läge damit rund beim Doppelten der aktuellen Börsennotierung.

Weder Vorstandsvorsitzender der Konzern AG, Hanns Kaiser, noch der Finanzvorstand Henning von Lintfort waren für eine Stellungnahme erreichbar. Ein Konzernsprecher bestätigte lediglich, dass in den letzten Wochen ‹Gespräche auf Augenhöhe über eine mögliche Vertiefung der Zusammenarbeit der beiden Unternehmen› stattgefunden hätten. Konkrete Pläne für einen Merger, so der Sprecher, gäbe es zum jetzigen Zeitpunkt nicht. Selbstverständlich sei das Management immer auf der Suche nach Möglichkeiten, ‹für die Shareholder value zu adden›. Im Laufe der kommenden Woche werde man sich konkreter äußern.

Zum Hintergrund: Umsatz und Gewinn der Konzern AG befinden sich seit rund zwei Jahren im Sinkflug. Seit Amtsantritt von Kaiser und von Lintfort hat die Konzern-Aktie um rund 40 Prozent an Wert verloren. Die Jituan Corp. hingegen verfügt über Kapitalreserven von mindestens 50 Milliarden US-Dollar. Sie befindet sich zu 100 Prozent in chinesischem Staatsbesitz. Analysten in Frankfurt sprachen von einer strategischen Offerte der Chinesen in einer Höhe, die kein Anleger ablehnen würde.

Jituan verfügt über eine ähnliche Produktpalette wie die Konzern AG. Bisher ist das Staatsunternehmen aber vor allem als Auftragsfertiger für europäische und US-amerikanische Firmen in Erscheinung getreten. Nun sucht die Jituan

Corp. offenkundig direkten Zugang zu westlichen Märkten. ‹Im Grunde kaufen die kein Unternehmen, sondern einen Markennamen, der nach Made in Germany klingt›, kommentiert ein Analyst, der nicht namentlich genannt werden möchte. Er verglich die Transaktion mit der Übernahme des schwedischen Traditionsunternehmens Volvo durch die bis dato in Europa weitgehend unbekannte Geely Group.

Der Betriebsratsvorsitzende der Konzern AG, Herbert Günther, zeigte sich auf Nachfrage sichtlich überrascht. ‹Sollten diese Pläne tatsächlich bestehen, werden sie auf erbitterten Widerstand der Belegschaft stoßen›, sagte Günther dem Handelsblatt. Er verwies darauf, ‹dass Fusionen auch in der Vergangenheit nie die Synergie-Effekte erbracht haben, die Unternehmensberater in ihren Exceltabellen vorab errechnen›.

Nach Recherchen des Handelsblatt-Korrespondenten in Hongkong dürfte es allerdings nicht mehr um die Frage gehen, ob es zu einer Übernahme kommt, sondern nur noch, wann. So wurde die global agierende Wirtschaftskanzlei Linklaters offenkundig mit dem Mandat beauftragt, die Übernahme juristisch abzusichern. ‹Kartellrechtliche Probleme sind in diesem Fall nicht zu erwarten›, bestätigte der Leiter des Hongkonger Linklaters-Büro, Richard Greef. Spannend wird nach Einschätzung von Analysten die Frage, ob es nach einer Übernahme gelingen kann, so unterschiedliche Unternehmenskulturen aus so unterschiedlichen Kulturkreisen produktiv zusammenzuführen. ‹Ein spannendes Experiment mit sehr ungewissem Ausgang›, kommentiert ein Insider, der ebenfalls nicht namentlich genannt werden will. Nach Handelsblatt-Informationen wurde die Unternehmensberatung

McKinsey bereits beauftragt, die Post-Merger-Integration beratend zu begleiten.»

Ich sitze mit offenem Mund vor meinem Tablet. Ich habe gar nicht gemerkt, wie ich es immer höher gehalten habe. Mir tun die Arme weh. Und mir fällt nichts mehr ein.

Doch. Ein Witz: Trifft ein Beamter des chinesischen Wirtschaftsministeriums einen deutschen Unternehmer. Und sagt:

«Lassen Sie uns ein Joint Venture gründen.»

Sagt der deutsche Unternehmer: «Sehr gerne. Wie sollen wir vorgehen?»

Darauf der chinesische Beamte: «Wir stellen den Fluss. Und Sie bauen die Brücke.»

TOWNHALL –
Erst talken, dann walken

Der Wecker muss mich nicht wecken. Ich liege seit mindestens einer Stunde wach und fühle mich, als hätte ich höchstens drei Stunden geschlafen. Vermutlich waren es fünf. Was heißt das für mich, wenn uns die Chinesen kaufen? Und warum überhaupt Chinesen? Über eine Fusion mit einem französischen Konkurrenten war in den letzten Wochen hier und da spekuliert worden. Ich habe das nicht weiter ernst genommen. Kollaboration ist ja schon länger nicht mehr die Stärke der Franzosen. Aber das wäre vermutlich deutlich besser, als von einem Unternehmen übernommen zu werden, dessen Namen man noch nie gehört hat. Mit 600 000 Mitarbeitern!

Ich dusche, ziehe mich an. Heute dunkelblauer Anzug, weißes Hemd. Ich gehe in die Küche und mache mir einen 40-Cent-Kapsel-Espresso-forte aus der Nespresso-Maschine, die mir mein Bruder zu Weihnachten geschenkt hat. Bei Nespresso-Maschinen ist es ja wie bei Druckern: Das Gerät ist billig, das Geld wird später mit den Kartuschen verdient. In Danaergeschenken war mein Bruder schon immer gut. Ich schmiere mir einen Toast mit Aldi-Marmelade. Das ist wenigstens eine ehrliche Sache. Warum bieten die Chinesen das Doppelte des aktuellen Börsenwertes? Vermutlich werden wir heute mehr erfahren. Der Vorstand muss irgendwie reagieren. Sonst schießen die Gerüchte nur so ins Kraut, und keiner arbeitet mehr.

Ich gehe früher aus dem Haus als sonst. Schneeregen. Und das Mitte Oktober. Der Winter lässt sich ja gut an. Ich nehme die U-Bahn, obwohl Montagmorgen ist. Ich bin 30 Minuten frü-

her da als sonst. Da bin ich nicht der Einzige. Vor dem Haupteingang hat sich ein langer Stau gebildet. Weil jeder, statt die
Chipkarte an das Lesegerät zu halten, auf die in Konzern-CI be-
druckten Aufsteller hinter den Drehkreuzen schaut. Auf denen
steht:

Townhall – Meet the CEOs
9.30 h CET, Atrium

Mit Atrium ist offenbar die Lobby gemeint. Der Begriff ist deutlich überdimensioniert. Oder die Lobby unterdimensioniert.
Wie man es nimmt. Überall sind Stehtische aufgebaut. Im hin-
teren Bereich sehe ich unseren Kommunikationschef Stefan
Radtke mit Schweißperlen auf der Stirn vor einer großen Video-
Leinwand hin und her rennen. Am Rand eines Podestes vor der
Leinwand sind mehrere große Videokameras aufgebaut. Mindestens zehn Techniker mit Cargohosen und schwarzen T-Shirts
wuseln um Radtke herum, prüfen Mikrofone und fixieren Kabel
mit Klebeband auf dem Boden. Auf den T-Shirts steht in grüner
Schrift *A No. 1 Events*. Die Lobby ist schon ziemlich gut gefüllt.
An einem Tisch in der ersten Reihe steht Jan-Phillip. Alleine. Er
hat Augenringe. Und sieht trotzdem sehr zufrieden aus. Er winkt
mich zu sich.

«Na, Überraschung gelungen?», sagt er.

«Ich fürchte, ja.»

«Da gibt es nichts zu fürchten. Zumindest nicht für einen guten Marketer. Genau diese Core-Competence wollen die Chinesen ja einkaufen.»

«Sicher?»

«Sehr sicher. Ich komme direkt vom Flughafen.» Er lächelt.
Wie ein sehr selbstbewusster Verschwörungstheoretiker. Nur
dass er eher ein Praktiker ist. Jetzt geht mir auch ein Licht auf.

Mann, bin ich blöd! Er hatte doch von «Strategie-Projekten auf E1-Ebene» gesprochen. So kann man es auch nennen.

«Shenzhen?», frage ich.

«Shenzhen!» Ich warte auf die Kunstpause. Auf Jan-Phillip ist Verlass. «Wir haben die News gestern bewusst ans *Handelsblatt* geleakt. Und es ist sehr gut, dass ich dich treffe, bevor die anderen dazustoßen. Ich habe zwei Bitten. Eine kommt eigentlich von Herrn Radtke.»

Er schiebt mir eine gelbe Karte hin. Auf der steht in großer Schrift:

«Mr Huang Di, will both sides benefit from the chosen strategic approach of the merger?»

Ich schaue Jan-Phillip fragend an.

«Es gibt gleich ein Q & A per Videoschalte. Kaiser ist im Headquarter in Shenzhen. Er wird gleich zusammen mit dem CEO von Jituan, Mr Huang Di, auf der Videoleinwand erscheinen. Zusammen werden sie die Fragen von drei deutschen und von drei chinesischen Mitarbeitern beantworten. Du hast die Ehre, einer dieser Mitarbeiter zu sein.»

Jan-Phillip tippt auf die Karte. Mein Lächeln dürfte gerade etwas verkniffen ausfallen. Ich frage mich, ob das, was jetzt kommen wird, bereits nach europäischen Standards als Gesicht verlieren gilt. Oder nur nach asiatischen. Jan-Phillip scheint diese Frage nicht zu beschäftigen.

«Das Townhall wird etwa dreißig Minuten dauern. Danach gibt es Häppchen und Orangensaft in Sekt-Gläsern. Ich werde kurz mit dem Team anstoßen und dann direkt in mein Büro gehen. Setz dich bitte kurz danach unauffällig ab und komm dann direkt zu mir hoch. Ich muss etwas mit dir unter vier Augen besprechen. Am späten Nachmittag muss ich schon wieder zum Flieger zurück ins Headquarter.»

Ich weiß immer noch nicht, was ich sagen soll. Zum Glück

stellen sich in diesem Moment Julia, Susanne, Daniel und Sebastian zu uns an den Tisch.

«Überraschung geglückt?», fragt Jan-Phillip.

Er schaut in zwei ratlose Gesichter. Susanne und Sebastian scheinen sich gar nicht wohlzufühlen. Julia sieht in ihrem schwarzen Anzug fröhlich aus. Seltsam. Daniel sieht aus wie ein Pessimist, der versucht, optimistisch auszusehen.

«Super Chance, finde ich», sagt er.

«Absolut», sagen Julia und Jan-Phillip gleichzeitig.

«Wissen wir schon, wann wir neue E-Mail-Signaturen bekommen?», fragt Sebastian vorsichtig.

Susanne wirkt, als ob sie mit den Tränen kämpft. Dass aus den Lautsprechern jetzt ein lautes Feedback-Quietschen hallt, macht die Sache für sie nicht besser. Der Tontechniker fummelt hektisch an seinen Reglern rum. Auf der Leinwand ist rechts unser Konzern-Logo zu sehen, links eine goldene Kitsch-Krone mit einem chinesischen Schriftzeichen darunter.

«Wir gefällt dir dein neues Logo?», flüstert mir Julia zu.

«Gold ist meine Farbe», zische ich zurück. Julia stellt sich auf die Zehenspitzen, hält ihre Hand an mein Ohr, und flüstert nun so, dass es wirklich niemand außer mir hören kann:

«Meine auch. Aber nur wenn es um goldene Handschläge geht.» Ich muss kurz überlegen. Sie geht? Ich zucke zusammen. Unmerklich, hoffe ich zumindest.

Die Logos verschwinden. Der Bildschirm teilt sich. Links geht ein Videofenster auf. Da steht Hanns Kaiser im schwarzen Anzug mit blauer Krawatte und winkt. Vielleicht hat Daniel doch das Zeug zum CEO. Auch Kaiser sieht aus wie ein Pessimist, der optimistisch wirken will. Links von ihm, anderthalb Köpfe kleiner, steht Mr Huang Di. Er trägt ebenfalls einen schwarzen Anzug mit blauer Krawatte. Er winkt nicht. Und ich habe keine

Ahnung, was uns dieses Gesicht sagen will. Seine helle Stimme sagt:

«Welcome. Welcome to Jituan Corporation. Welcome all of you.» Ich glaube zumindest, dass er das sagt. Mr Huang Di gehört sehr offenkundig nicht zu den Chinesen, die in Amerika an einer Elite-Uni studiert haben, nach China zurückgegangen sind und dann in einem Staatskonzern Karriere gemacht haben. Gut. Hanns Kaiser, unser Ex-CEO in spe, hat auch einen fetten deutschen Akzent, wie wir gleich feststellen werden. Aber was, bitte schön, möchte uns unser neuer CEO sagen? Ich bin nicht mal zu hundert Prozent sicher, ob er gerade Englisch spricht.

Zum Glück laufen auf der rechten Seite Charts durch. Offenbar sagt Mr Huang Di gerade irgendwas von «enormous benefits for both sides» und «market leader» mit «world class products». Und dass nur diejenigen, die sich hohe Ziele stecken, auch hohe Ziele erreichen können. Wobei jetzt nicht die Zeit sei, in die Details zu gehen. Sondern wir gemeinsam «enormous benefits for both sides» generieren können und mit unseren «world class products» eben «market leader worldwide» werden. «If we really want.» Für diese Botschaft braucht Mr Huang Di zehn Minuten. Vielleicht hat er natürlich noch viel mehr gesagt. Aber das wissen wir nicht. Immerhin, Hanns Kaiser fasst sich kurz. Und mit seinem fetten deutschen Akzent ist er auch gut verständlich. Zumindest für uns.

«We are living in turbulent times. With big opportunities. The time has come to reach out for new frontiers. Our frontiers are everywhere. Global. And we as Konzern AG are happy to have found the best partner possible, here in China, to turn opportunities into success. The time has come, to walk together, Chinese and Germans, side by side. We will generate enormous benefits for both sides. As market leader with world class products.»

Die Kamera in Shenzhen schwenkt ins Publikum. Wir sehen

eine riesige Halle. Da stehen mindestens 10 000 Pokerfaces. Vorne in grauen Anzügen, hinten in Blaumännern. Oder heißen die da noch Mao-Anzug? Die Kamera schwenkt zurück auf die beiden CEOs. Kaiser weiß nicht genau, wo er hinschauen soll. Offenbar sucht er den Teleprompter. Er schaut kurz zu seinem neuen Boss. Kaiser holt Luft. Sein Blick ist wieder in die Kamera gerichtet.

«We walk as we talk. Towards a bright future. Together.»

Mr Huang Di nickt kurz und abgehackt ins Publikum. Wir hören ein lautes Rauschen. Von null auf hundert. Das müssen 20 000 Hände sein, die klatschen. Jan-Phillip klatscht bei uns als Erster. Von einer Beifallswelle kann man sicher nicht sprechen. Aber immerhin breitet sich das Klatschen in einem konzentrischen Kreis um unseren Tisch herum aus. Unser Noch-Kommunikationschef Stefan Radtke steigt auf das Podest vor der Leinwand und kündigt auf Deutsch an, dass die beiden CEOs spontan die Möglichkeit eingeräumt haben, Fragen an sie zu stellen. China beginnt. Ein kleiner Mann in einem blauen Anzug hat eine gelbe Karte in der Hand. Er liest sie ab. Das ist jetzt eindeutig Chinesisch.

Mr Huang Di bewegt den Mund. Auf den Charts steht, dass wir in turbulenten Zeiten leben und wir jetzt die Möglichkeit haben, Möglichkeiten in Erfolg zu wandeln. Die Bildregie schneidet zurück ins Publikum. Derselbe Mann hat nun einen grauen Anzug an. Nein, das muss ein anderer sein. Ich höre nicht mehr zu.

Ich frage mich, wie wir jetzt bei dem Aufbau unserer Social-Media-Präsenz vorgehen sollen. Und ob wir das noch unter Konzern AG fahren. Plötzlich spüre ich den Ellenbogen von Jan-Phillip an meinem rechten Trizeps. Ich schaue ihn an. Er zieht die Augenbrauen hoch und deutet mit dem Gesicht zur Bühne.

Radtke steht dort ebenfalls mit hochgezogenen Augenbrauen. «Herr Frey, what is your question?» Mist. «Please proceed to the camera.» Zum Glück liegt die gelbe Karte direkt vor mir. Ich nehme sie, gehe zur Bühne. Einer der Techniker zeigt mir, wo ich hinschauen soll. Auf der Leinwand hinter Radtke sehe ich meinen Kopf mit zwei Meter Durchmesser. Und wie er auf eine gelbe Karte schaut und Mr Huang Di fragt, ob denn beide Seiten von dem gewählten strategischen Angang der Fusion profitieren werden.

Die Kamera zoomt auf Mr Huang Di. Hat der da gerade gelächelt? Er antwortet: «Very much! Thank you.» Das verstehe ich. Der Mann nickt, als wolle er mit dem Kinn eine Walnuss zertrümmern. In China tost der Applaus.

Bei uns laufen hübsche Hostessen mit Sektgläsern mit Orangen-Saft durch die Menge. Ich erwarte wenigstens chinesische Häppchen. Das hat auf die Schnelle offenbar nicht geklappt. Es gibt wie immer die kleinen, runden Pumpernickelscheiben mit Frischkäse und Gurke, Schinken oder Mettwurst drauf. An den Tischen wird viel diskutiert. Meistens in Zweiergesprächen und sehr leise. Sebastian fragt Julia, wie sie das jetzt fand. Ich höre, wie sie sagt: «Ich weiß nicht genau. Da bin ich Yin UND Yang.» Ich schaue nach Jan-Phillip. Der ist offenbar schon weg.

«Ich muss kurz auf Toilette», sage ich in die Runde. Zum Glück bin ich ein Mann, und niemand sagt: «Ich komme mit.» Auf dem Weg zum Aufzug remple ich aus Versehen eine Hostess an. Die hat eine Glasschüssel voller Glückskekse im Arm. Ich nehme mir einen und gehe hastig weiter. Jan-Phillips Tür ist offen. Ich klopfe zweimal an den Türrahmen, wie immer. Jan-Phillip sitzt bereits am Besprechungstisch, hackt aber auf seinem Laptop rum. Ich schließe die Tür und setze mich. Jan-Phillip schaut mich ernst an.

«Alles, was wir jetzt besprechen, bleibt in diesem Raum!»

«Klar.»

«Ich will nicht groß drumrum reden», sagt Jan-Phillip. «Marketing und Vertrieb werden die einzigen deutschen Gewinner sein in dem großen Spiel, das jetzt kommen wird. Unser Marketing-Vorstand geht voll nach Shenzhen, ich soll eine Art Pendeldiplomat werden. Ich brauche einen Stellvertreter hier. Und dieser Stellvertreter bist du!»

Meine Augen dürften jetzt die Größe von Ping-Pong-Bällen haben.

«Das wäre zunächst E3. Mit Perspektive auf E2. Oder wie auch immer das in der neuen Struktur dann heißen wird. Aber auf jeden Fall wirst du einen Dienstwagen bekommen. Mit Tankkarte. Und auch einen Parkplatz. So viel kann ich dir wohl schon jetzt guten Gewissens versprechen.»

Ich sage nichts. Muss ich auch nicht. Jan-Phillip ist im Senden-Modus.

«Du hast noch nie eine Übernahme mitgemacht, oder?»

Ich schüttle den Kopf.

«Ich kenne es natürlich nur aus Beraterperspektive. Aber aus der konnte ich das Spiel x-mal beobachten. Die Logik ist ziemlich simpel. Der Vorstand verspricht volle Transparenz. Das ist natürlich ohnehin ein Witz. Aber ein besonders guter, wenn du von Chinesen übernommen wirst. Bei uns werden jetzt alle die Arbeit runter- und die persönlichen Netzwerk-Aktivitäten hochfahren. Du wirst Anfragen zum Lunch von Leuten bekommen, deren Namen du noch nie gehört hast. Also ich zumindest.»

Ich nicke. Leicht apathisch, glaube ich.

«Spätestens im Februar, wenn das Ganze juristisch und kapitalseitig durch ist, werden die Chinesen beginnen, Abteilungen zusammenzulegen. Dann gilt die alte Highlander-Regel: Es kann nur einen geben. Die Produktion in Deutschland werden wir so schnell wie möglich dichtmachen. Ich bin sicher, der Betriebsrat diskutiert gerade die Forderungen, mit denen er in die Verhandlungen zu Sozialplan und Abfindungsvereinbarungen gehen will.»

Er nimmt zwei Wassergläser, stellt sie vor uns und füllt sie bis zum Rand.

«Für ein paar Altgediente wird man vermutlich ein paar goldene Abstellgleise bauen. Zum Beispiel in der Compliance-Abteilung. Auf denen werden die auch nicht glücklich werden. Für alle Leute mit Zeitverträgen sieht es übel aus.»

Ich überlege, wann meine Probezeit eigentlich rum war. Ende Juni. Das ist fünf Monate her. Ich trinke einen Schluck Wasser.

«Wir werden viele gute Leute verlieren. Vielen wird das Risiko zu hoch sein, von Shenzhen aus ferngesteuert zu werden.»

«Kann ich verstehen.»

«Ich auch. Aber für dich wird das nicht gelten. Die Chinesen haben verstanden, dass sie die Markenführung besser uns überlassen.»

«Was wird aus unserem Produkt und aus unserer Kampagne?», frage ich.

Jan-Phillip schaut mich an, als hätte ich gefragt: Bist du jetzt Marketingchef bei Scientology?

«Das wird natürlich eingestampft. Die Konkurrenzprodukte von Jituan kosten in etwa ein Zehntel in der Herstellung. Und Dr. Wendlig von der Produktentwicklung dürfte so ziemlich der einzige Mensch auf dem Planeten sein, der noch glaubt, dass unser Produkt besser ist.»

«Und die Kampagne? Die ganze Arbeit war umsonst?»

Der gleiche Blick. Dem Unverständnis mischt sich eine Spur Aggression bei.

«Das kann man so nicht sagen. Vergiss die Kampagne einfach. Wo ist dein Problem?»

Sehr gute Frage, denke ich. Auch wenn sie nicht als Frage gemeint ist.

Jetzt nimmt Jan-Phillip einen großen Schluck.

«Lange Rede, kurzer Sinn: Es würde mich sehr freuen, wenn wir beide auch künftig zusammenarbeiten. Noch intensiver. Und auf höherer Ebene.»

Er steht auf. Ich auch.

«Ich komme Ende kommender Woche aus Shenzhen zurück. Bis dahin müsstest du dich bitte entscheiden.»

Ich nicke. Und sollte jetzt wohl strahlen. Und sagen: Da brauche ich nicht lange überlegen. Wo ist der Vertrag? Ich bin plötzlich vollkommen verunsichert. Ich sage:

«Danke. Ich habe noch ein paar Themen, die ich mit mir selbst klären muss.»

Jetzt schaut er mich an, als ob ich gerade gesagt hätte: Ich wechsle als Head of Strategy zu Opus Dei. Er schüttelt mir fest die Hand. Zeigt zur Tür.

Auf dem Weg zu meinem Büro ertastet meine Hand den Glückskeks in meiner Tasche. Ich reiße die Plastikfolie auf, zerbreche den Keks und fingere den kleinen weißen Zettel raus. Da steht: «Konfuzius sagt: Es gibt kein richtiges Leben im falschen.»

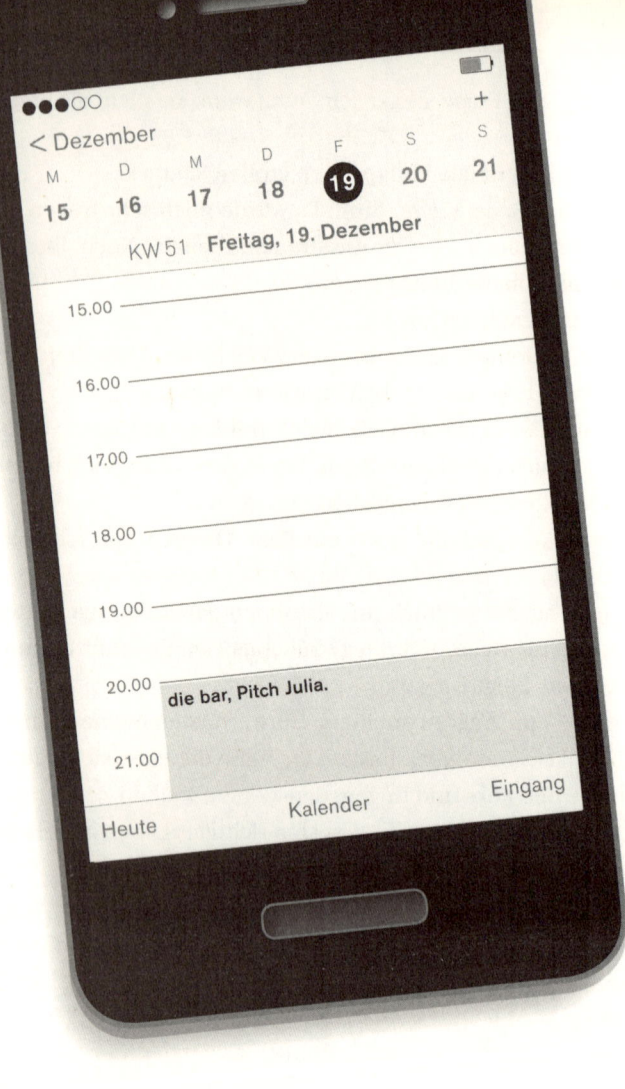

EXIT-OPTION –
No bullshit!

Wie hat Jan-Phillip reagiert, als du nein gesagt hast?», fragt Julia.

«Er hat eine Frage gestellt», sage ich.

«Nämlich?»

«No bullshit?»

«No bullshit?»

«No bullshit!»

«Und dann?»

«Erst dachte ich, jetzt kommt eine Suada, wie bescheuert ich bin, die Karrierechance meines Lebens auszulassen, und so. Darauf war ich vorbereitet. Diese Rede hat ja mein Bruder schon am Telefon gehalten. Aber dann hat er eine seiner Kunstpausen gemacht und gesagt: ‹Die Exit-Option ist immer eine Option.›»

«Deshalb heißt sie ja so», sagt Julia. Wir grinsen uns an. Sie kurz, ich etwas länger.

Es ist Freitagabend, kurz nach acht. Wir sind die Ersten in der Bar. Noch vier Tage bis Weihnachten. Es hat wieder geschneit. Morgen fahre ich nach Hause, sofern die Deutsche Bahn AG das zulässt. Es soll auch dieses Jahr wieder viele Probleme mit den Weichenheizungen geben. Wenigstens darauf ist Verlass. Die Weihnachtsfeier im Konzern ist hingegen ausgefallen. Nach Feiern ist gerade nur wenigen zumute. Das hat dann wohl selbst der Vorstand bemerkt und den Bereichen empfohlen, die Budgets dafür einzusparen. Stattdessen soll im Februar das chinesische Neujahrsfest groß gefeiert werden. Als «Kick-off für den Start in eine neue Unternehmenskultur», wie im Intranet zu lesen war.

Wir sitzen auf der Ledercouch ganz hinten rechts. Möglichst weit von der Raucherecke entfernt. Julia hat sich von Ralf gewünscht, dass er den Soundtrack zu «Mad Men» auflegt. Den hatte er natürlich nicht. Also durfte sie zur Feier des Tages ihr iPhone an die Anlage anstöpseln. Aus den Boxen rieselt gefälliger Sechziger-Jahre-Jazz.

Vor uns steht eine Flasche Champagner, die Ralf direkt vom Gut bezieht. «Kein Zwischenhandel, kein Marketing-Etat, nur gute Ware zum fairen Preis», sagt Ralf. Und dass Bollinger mit seinen James-Bond-Product-Placements landen können, wo sie wollen. Aber nicht in seiner Bar. Ich trinke eigentlich ohnehin lieber Sekt. Bei Champagner weiß ich oft nicht so recht, ob der jetzt korkt oder ob der so soll. Heute allerdings würde ich zur Not sogar mit größtem Vergnügen Marketing-Budgets von Bollinger subventionieren. Innere Befreiung fühlt sich so verdammt gut an. Wir stoßen an. Mir fällt kein sinnstiftender Spruch ein. Doch:

«Auf Katzenposter, das Original und die deutsche Fußball-nationalmannschaft von 1974.»

«Auf die glücklichen Tage. Vergangene und kommende», sagt Julia. Dabei schaut sie mir in die Augen. Ihr Lippenstift ist dunkelrot. Sie lächelt.

Wir trinken, Julia nur einen kleinen Schluck, und stellen die Gläser auf die grünen Servietten vor uns.

«Krass, wie schnell jetzt alles geht. Du erzählst zuerst», sage ich.

Julia lehnt sich zurück.

«Eigentlich war alles ganz einfach. Ich war beim Betriebsrat. Die haben gesagt, dass man pro Jahr Betriebszugehörigkeit automatisch ein Monatsgehalt Abfindung bekommt. Aber dass in Einzelfällen noch Luft nach oben sei. Zum Beispiel, falls man nachweisen kann, dass eine Kündigung mit zusätzlichen sozialen Härten verbunden ist.»

«Das heißt?»

«Na ja, zum Beispiel, wenn man schwanger ist.»

Ich muss wohl etwas sehr verdutzt geschaut haben.

«Was ja in meinem Fall leider nicht zutrifft.»

Sie lacht. Ich fühle mich wieder gut.

«Aber?», frage ich.

«Der Typ vom Betriebsrat hat mich vielsagend angeschaut und gefragt, ob nicht zumindest Familiengründungspläne unter der Restrukturierung litten. Und dass dafür ein formaler Nachweis gar nicht nötig sei.»

«Und?»

«Dann habe ich da ein Kreuzchen gemacht, und meine Abfindung stieg in einer logischen Sekunde von fünf auf neun Monatsgehälter.»

«Die muss man nicht einmal versteuern, oder?», frage ich.

«Nope!»

«Das macht?»

«45 000 cash auf die Kralle. Plus meine 30 000, die ich in den letzten fünf Jahren gespart habe. Das macht zwei Jahre Zeit, ohne finanziellen Druck an der ‹Lipstickery› zu arbeiten.»

«An was?»

«An der ‹Lipstickery›! Lippenstifte online im Abo.»

Unter den vielen bescheuerten Start-up-Namen gehört ‹Lipstickery› zu den besseren, denke ich. Und auf Julias Gespür ist Verlass. Oder auf ihr Glück? Für jeden Mist gibt es mittlerweile Abo-Modelle im Netz. Tee, Apfelsaft und Klopapier. Und für Rasierklingen, die sich nicht entblöden, Morning Glory zu heißen, was ja, soweit ich mich an mein Austauschsemester in Amerika richtig erinnere, auch noch Morgenlatte heißt. Lippenstifte im Abo gibt es noch nicht.

«Made to stick», brabbel ich vor mich hin.

Julia grinst. «Nicht schlecht für aus der Hüfte. Wenn alles gut läuft, muss ich das Geld aus der Abfindung aber nicht mal verbraten.»

«Wie das?»

«Ich hatte in den letzten drei Wochen ja ziemlich viel Zeit im Büro. Und da habe ich meinen Businessplan noch einmal geschliffen und an Project A geschickt.»

«Was ist das?»

«Ein Accelerator.»

«Was ist das?»

«Na, eine alte Fabrik, in der sitzen lauter junge Leute an Computern, und die machen Dinge, die du nicht mehr verstehst», sagt Julia. Ich fürchte, sie lacht mich gerade aus. Ich lache mit. Das stimmt sie offenbar gnädig.

«Accelerators geben dir ein bisschen Kapital, dafür nehmen sie dir einen Großteil deiner Firma. Und dann helfen sie dir, deine Idee groß zu machen. Es soll sogar Fälle geben, wo das ein guter Deal für beide Seiten war. Mitte Januar treffe ich mich jedenfalls mit denen. Wenn die mich wollen, ich aber die nicht, kann ich ja immer noch auf meine Ersparnisse zurückgreifen und mich zunächst einmal in einem Co-Working-Space einmieten.»

Diesmal frage ich nicht nach, was das ist, das habe ich in meinem Urlaub selbst recherchiert. Ich frage: «Die Domains hast du dir gesichert?»

«Alle wichtigen: Lipstickery.de, .com, .net, .eu. Und vor allem .cn.»

«China?»

«Think big!, würde Jan-Phillip jetzt wohl sagen.»

Wir lachen. Unsere Gläser sind leer. Ich schenke nach. Julia weiß noch nicht, was ich vorhabe. Ich frage mich: Erzählen? Oder warten, bis sie fragt?

«Hast du gehört, was die anderen machen?»

«Nicht von allen», sage ich. Was nicht stimmt. Eigentlich weiß ich von keinem, wie es mit ihm weitergeht. Nach meinem Gespräch mit Jan-Phillip habe ich umgehend die «kleine Exit-Option» gezogen, wie er es nannte. Meinen Resturlaub genommen. Gestern habe ich meinen Schreibtisch geräumt und meine privaten Sachen mitgenommen. Ich hatte zur Sicherheit zwei Umzugskisten mitgebracht. Eine halbe hat gereicht. Dann wollte ich mich noch von allen verabschieden, aber die Etage war wie ausgestorben.

«Susanne hat es emotional am härtesten getroffen, glaube ich», sagt Julia.

«Klar.»

«Das Absurde dabei ist: Finanziell sieht es super bei ihr aus. Sie hat mit 16 im Konzern ihre Lehre als Bürokauffrau angefangen. Und dann nie gewechselt. Jetzt ist sie 49.

«Das macht 33 Jahre Betriebszugehörigkeit.»

«Genau, du Quant. Laut Sozialplan heißt das: Sie kann zum ersten März mit leichten finanziellen Abstrichen in Rente gehen. Mit 49!»

«Und?»

«Das will sie nicht.»

«Was?»

«Tu nicht so doof. Sie hat keine Kinder und einen, äh, eher seltsamen Freund. Und sie hat beziehungsweise hatte die Arbeit. Wenn sie das Betriebsrentenangebot gemäß Sozialplan annimmt, darf sie nebenher kein Geld verdienen. Sonst wird ihr alles wieder abgezogen. Die weiß überhaupt nicht, was sie machen soll.»

Ich trinke dennoch einen Schluck Champagner. Soll der so?

«Und Sebastian?», frage ich.

«Auch nicht so rosig. Seine Karriere-Gattin macht ja Produktionsplanung. Die braucht man dann in Deutschland wohl eher nicht mehr.»

«Also China?»

«Nee, Produktion können die selbst planen. Sie ist wohl noch viel frustrierter als er und versucht gerade, mit so vielen Headhuntern wie möglich essen zu gehen. Sebastian sagt, er könne sich auch gut vorstellen, sich erst einmal Vollzeit um die Kinder zu kümmern.»

Am meisten interessiert mich natürlich, was aus Daniel wird.

«Wen hatten wir noch nicht?», fragt Julia.

«Daniel», sage ich. Mist, viel zu schnell.

«Susanne sagt, Jan-Phillip macht sich hinter den Kulissen sehr für Daniel stark.»

Nun trinkt Julia einen Schluck. Sie macht eine Pause, schaut durch die Bar.

«Seitdem du ihm ja einen Korb gegeben hast!»

«Spannend», sage ich, weil mir kein neutralerer Begriff einfällt. Oder weil das Jan-Phillip an meiner Stelle auch gesagt hätte?

«Sie suchen offenbar nach einer Stelle im Controlling für ihn. Das wollen die Chinesen aufstocken. Daniel wird nie gemocht werden für das, was er tut. Aber Controlling passt laut Jan-Phillip zu seinem MBTI-Profil.»

«Ich erinnere mich dunkel», murmle ich in mich rein.

Ich sehe die Szene im Meeting-Raum genau vor mir. Der hellblaue HappyHippo-Elvis, der genau ist wie ich. Weil er sich spitz positioniert auf dem Markt. Woraus Jan-Phillip differenciate or die machte. Mein erster Aufschlag. Er war gut. Das will ich an anderer Stelle wiederholen. Ich habe mir ziemlich genau überlegt, wie ich Julia meine Idee präsentiere. Wie es ab dem 1.1. mit mir weitergeht. Sie setzt neu an:

«Und dann wäre da ja auch noch …»

Sie nimmt ihr Glas, hebt es noch einmal zu einem angedeuteten Prost in die leere Bar.

«... Dr. Werner Meyerbeer. Was mit dem wirklich geschah, hast du auch nicht mitbekommen.»

«Nee.»

«Laut Susanne hatte der gar keinen Burn-out. Zumindest nicht im medizinischen Sinne.»

«Im medizinischen Sinne gibt es doch gar keinen Burn-out. Das sagen zumindest die Mediziner», gehe ich dazwischen. Julia grinst kurz. Sehr kurz.

«Womit sich der Kreis schließt. Meyerbeer war wohl frühzeitig in die Verhandlungen mit Jituan eingebunden. Und er muss gegenüber dem chinesischen Marketingchef so großkotzig aufgetreten sein, dass die gesagt haben: Diesen Mann wollen wir nie wiedersehen. Daraufhin wurde er umgehend freigestellt. Nach seiner Rückkehr sollte er in Begleitung eines Wachmanns sein Büro räumen.»

«Der Chinese hat es nicht so mit Empathie», kommentiere ich. «Nicht dass es den Falschen getroffen hätte ...»

«Warte ab, jetzt kommt es! Im Flieger zurück, auf der Flugzeugtoilette der Business-Class, hat Meyerbeer einen Selbstmordversuch unternommen. In der Aufregung hat er vergessen, die Tür abzuschließen. Jemand kommt rein, als unser Ex-Eler gerade dabei ist, sich mit einem Fingernagel-Knipser die Pulsadern zu öffnen. Dann hatte Meyerbeer einen kompletten Nervenzusammenbruch.»

«Das denkst du dir gerade aus!» Ich würde es ihr zutrauen.

«Lieber Lukas. Ich verkaufe Lippenstifte im Abo-Modell. Für eine solche Geschichte fehlt mir die Phantasie.»

«Guter Punkt.»

«Jedenfalls war ein Arzt an Bord. Und der hatte zufällig eine Großpackung Valium im Gepäck, und mit der haben sie ihn dann bis Frankfurt-Flughafen ruhiggestellt. Von dort wurde er direkt in eine Privat-Klinik für suizidgefährdete Manager gebracht.»

Das muss ich erst mal verdauen. Zum Glück kommt Ralf an unseren Tisch. Er bringt eine kleine Schale gerösteter Erdnüsse. Die mit der braunen Ummantelung. Er hebt die Flasche kurz an.

«Ihr habt noch?»

Wenn schöne Frauen am Tisch sitzen, ist Ralf ein noch besserer Gastgeber. Die Flasche ist noch zu einem Drittel gefüllt. Er lächelt. Wir auch.

«Ihr sagt Bescheid?»

Wir nicken. Er lächelt. Wir auch. Und hören ein wenig der Musik zu. Das müsste jetzt Ella Fitzgerald sein. Wir beobachten Ralf, wie er Cocktail-Utensilien richtet. Für den Ansturm, der spätestens in einer halben Stunde losgehen wird. Ein Spümmler füllt das Bierfach mit Augustiner auf. Rolf, sein zweiter Keeper für die Wochenenden, kommt gerade rein und macht sich mit schwarzer Hose und weißem Hemd einsatzbereit. Insgesamt beschäftigt Ralf fünf Leute oder so. Ich war die letzten Wochen viel hier. Wir haben lange geredet. Wie es ist, ein kleines Unternehmen zu führen. Und ob es für mich Sinn macht, nein, ergibt, eine Agentur zu gründen. Ralf liebt seine Bar. Aber ein Gedanke von ihm will mir nicht mehr aus dem Kopf:

«Das eigentliche Ziel muss doch sein, keinen Chef zu haben. Und auch keiner zu sein.»

«Sag endlich», sagt Julia.

«Was genau?», frage ich.

«Sag, was ist!»

Das gibt es doch nicht. Die Intuition dieser Frau ist wirklich unfassbar. Oder warum hilft ihr immer der Zufall? Egal. Das ist eine Steilvorlage. Die selbst ich nicht versemmeln kann. Ich schaue sie an.

«Das ist es», sage ich. Der Trick gelingt.

«Was genau?», fragt Julia leicht irritiert.

«Sagen, was ist!»

Julia überlegt einen Moment. Ich sehe, wie es rattert. Und Klick macht. Sie lächelt mich an. Dann strahlt sie. Und sagt:

«Marketing, wie es in einer besseren Welt wäre?»

«Du bist gut. Verdammt gut», sage ich. Und schaue sie an. Sie strahlt weiter. Sie spielt weiter. Den Ball in die Mitte. Zu mir.

«Wie genau?»

Ich stehe frei vor dem Tor.

«Keine Agentur. Kein Chef. Keine Mitarbeiter.»

Ich greife nach meinem Glas.

«Ich habe ab ersten Januar einen Schreibtisch in einer Bürogemeinschaft in den Alten Lederhöfen gemietet. Ziel ist es, den Tagessatz schrittweise zu erhöhen. Und maximal 15 Tage pro Monat zu arbeiten.»

Julia ist neugierig, nicht skeptisch. Das spüre ich. Oder doch nicht? «Guter Plan, Lukas. Aber: Wie kommst du an Kunden?»

Das ist die Frage, auf die ich eigentlich gewartet habe.

«Du kennst die großen Plakatwände genau gegenüber vom Hauptbahnhof?»

«Ja.»

«Weißt du, wie billig Plakatwerbung ist?»

«Nein.»

«Sehr erschwinglich. Selbst für einen kreativen Freiberufler, über den kein warmer Abfindungsregen niedergeht. Ich habe ab dem 15. Januar die mittlere Wand für vier Wochen gebucht.»

Jetzt schaut sie eindeutig neugierig.

Ich greife zu meiner Fahrrad-Umhängetasche unter dem Tisch und hole die verstärkte Klarsichtfolie heraus. Ich ziehe das oberste Blatt raus, lege es vor Julia auf den Tisch und rücke die Kerze so, dass das Licht aufs Blatt fällt.

«Das wird ab dem 15. Januar auf der Tafel stehen», sage ich.

Julia beugt sich neugierig vor. Ich mache mit. Meine linke

Schulter berührt ihre rechte. Ich habe Typo proxima nova gewählt:

Mann sucht Frau zum Tanzen.

Das ist weder wahr. Noch gelogen.
Das ist Bullshit.

Freier Werbetexter sucht Kunden.
Die sagen, was ist.

www.no-bullshit.com

Julia dreht sich zu mir. Kein Grinsen. Ihre Augen lächeln.

«Darf ich sagen, was ist?»

«Du musst.»

«Das ist no bullshit at all. Das ist fucking awesome. Mit Lipstickery hast du hiermit deinen ersten Klienten. Rufst du bitte morgen meine Assistentin an? Sie wird dir das Briefing für den upcoming Pitch forwarden.»

Wir lachen.

«Ich pitche grundsätzlich nicht. No Pitches. No Bullshit», sage ich.

Wir lachen weiter.

Der Soundtrack von «Mad Men» ist bei «Zou Bisous Bisou» angelangt. Bei mir startet mal wieder das Kopfkino. Das war die Szene, in der die frankokanadische Frau des Helden ihm zum Geburtstag ein unfassbar charmantes, nein, Bullshit, erotisches Ständchen singt. Vor der ganzen Agentur.

Ich glaube, der Champagner soll so. Julia hört auf zu lachen. Sie presst die Lippen für einen kurzen Moment fest zusammen. Sie sagt:

«Wir beide wissen, dass du gerade pitchst.»

Jetzt grinst sie wieder. So lange wie noch nie. Und ich weiß mal wieder nicht, was ich sagen soll.

Dann höre ich mich doch etwas sagen:

«Willst du tanzen?»

EXECUTIVE FORECAST –
Wer ist hier im Lead?

Julia steht auf. Sie hält mir die Arme in Aufforderung-zum-Tanz-Stellung hin. Sie sagt: «Ja.» Sie macht eine Kunstpause. Und fügt an: «Aber ich bin im Lead!»

NACHWORT UND DANKSAGUNG

In diesem Buch sind viele Pointen geklaut. Das fängt beim Titel an, der schon mal ein brand eins-Titel war. Die Credits gehören Pia Hilger, der diese sprachliche Zuspitzung der montagmorgendlichen Massendepression gelungen ist. Gabriele Fischer danke ich, dass sie mit der Wiederverwendung des Titels für dieses Buch einverstanden war. Die Pressemitteilung der Konzern AG auf S. 113 f. ist ebenfalls, marginal abgeändert, von brand eins entwendet. Es war einmal eine echte Pressemitteilung der DaimlerChrysler AG.

Ich danke meinem Facebook-Stream, dass er doch einmal zu etwas nütze war. Er hat mir viele Pointen vieler humorkompetenter Menschen zugespielt, zum Beispiel von Peter Glaser, Kathrin Passig und Tom Hillenbrand von Beratersprech.

An Dutzenden Stellen versuche ich mit Sprüchen und Witzen zu punkten, bei denen ich mir nicht mehr sicher bin, wo ich sie in den letzten zwanzig Jahren aufgeschnappt habe. Die Urheber mögen es mir verzeihen.

Dieses Buch möchte mehr sein als eine sprachliche Farce. Die Figuren sind frei erfunden, aber alle Szenen habe ich (unverdichtet und in anderen Kontexten) mehr oder weniger so erlebt, oder sie haben einen recherchierten Kern. Ich durfte viele Hintergrundgespräche mit C-Level-Entscheidern, Consultants, Coaches, Konzernflüchtlingen und leidenden Angestellten führen. Die meisten baten mich, ihnen an dieser Stelle nicht namentlich zu danken. Danke, liebe Entscheider, für eure Anekdoten und eure Bereitschaft, über Bullshit zu reflektieren. Und für eure Gedanken über unsere Doppelrolle als Täter und Opfer der sprachlichen und inhaltlichen Sinnentleerung und der damit verbundenen Lähmung von Unternehmen.

Namentlich darf und möchte ich für food of thought danken: Dr. Reinhard Sprenger, Prof. Dr. Stephan Rammler, Holm Friebe, Dr. Veit Etzold, Bernhard Bartsch, Ansgar Baums, Claudio Gallio, Dr. Matthias Mahn, Stefanie Greca, Alexander Römer und meinem Vater Prof. Dr. Hans Ramge.

Ich danke meinem Agenten Thomas Hölzl für sein unermüdliches Gedanken-Sparring, Susanne Frank für das beste Lektorat meiner Autorenlaufbahn und Barbara Laugwitz, dass sie sich auf ein Experiment mit der Forschungsfrage eingelassen hat: Wieviel Bullshit passt zwischen zwei Buchdeckel?

Liebe alle!
Many thx.!
I mean it!